U0302215

人机沟通法

HOW TO SPEAK MACHINE

John Maeda

理解数字世界的设计与形成

后浪

［美］前田约翰 著

何盈 译

北京联合出版公司
Beijing United Publishing Co.,Ltd.

写在《合流：科技与艺术未来丛书》之前

自文艺复兴以来，艺术、技术和科学便已分道扬镳，但如今它们又显出了破镜重圆之势。

我们的世界正日渐地错综复杂，能源危机、传染病流行、贫富差距、种族差异、可持续发展……面对复杂性问题，寻求应对之道要求我们拓宽思路，将不同领域融会贯通。通常，我们的文化不提供跨领域的训练，要在这种复杂性中游刃有余地成长，新一代的创造者们亟需某种新思维的指引。

我们将这种思考方式称作"合一思维"（Nexus thinking），即我们这套丛书所提出的"合流"；而具有这种思维的人便是"合一思维者"（Nexus thinker），或曰"全脑思考者"（whole-brain thinker）。

传统意义上，人们习惯于将人类思维模式一分为二。其一，是有法可循、强调因果的收敛思维。这种思维常与科学联系在一起。其二，则是天马行空、突出类比的发散思维。这种思维往往与艺术密不可分。整体思维的构建始于人类三大创造性领域——艺术、技术与科学——之间边界的模糊。三者交相融汇于一个名为"合一境"（Nexus）的全新思维场域。在这个场域里，迥异的范畴之间不仅互相联系，还能彼此有机地综合在一起。界限消失以后，整体便大于部分之和，各种全新的事物也将随之涌现。

合一思考者们能看清复杂的趋势，得心应手地游走于各领域的分野之间。他们将成为未来世界的创新先驱，并引领团队在创新组织的成员之间实现平衡。

站在科技与艺术的交叉点，我们旨在给读者提供一间课堂，将融合艺术、科技等学科的前沿读物介绍给广大读者：数据与视觉艺术，信息与自然科学，游戏与人类学，计算机与沟通艺术……我们希望能够启发读者，让你们自发地培养出一种综合而全面的视野，以及一种由"合一思维"加持的思考哲学。

我们并不会自欺欺人地拿出直接解决当下问题的答案，那些期待着现成解决之道的读者一定会失望。在我们眼里，本套丛书更多地是一份指南。它指引着个人与团队——创造者们和各类团体——穿行于看似毫不相干的不同领域之间。我们将教会读者如何理解、抵达并利用好综合思维的场域，以及如何组建一个能善用理论工具的团队，从而游走于复杂环境之中，达到真正的创新。

正所谓，"海以合流为大，君子以博识为弘"。

后浪出版公司
2022 年 12 月

感谢母亲伊琳娜·前田佑美（Elinor "Yumi" Maeda）教会我与人沟通的秘诀，是她让我懂得要以人们喜爱的方式对待他们——以夏威夷人的方式。

感谢父亲前田洋次（Yoji Maeda）教会我像机器那样工作，是他让我学会如何造出客人喜爱并愿意回购的产品——以日本人的方式。

他们比任何人都更努力勤勉地工作，才让我有可能就读世界上任何一所大学。多亏了他们，我才学会了与机器沟通的方法。而最重要的是多亏了佑美，我也没忘记如何与人类沟通。

目　录

引　言

2004 年 12 月 17 日，一个寒冷飘雪的寻常新英格兰冬日，我在 WordPress 上开始写关于"简单法则"的网络日志。忽然一个有意思的念头闪过，我发现 M、I、T[1] 这三个字母恰好按先后次序出现在 SIMPLICITY（简单）和 COMPLEXITY（复杂）里，难道这是巧合吗？此外，我还有一个不那么苏斯博士[2]的动机，我也在我的第一篇博客文章中提到了这一点：

> 我一直感兴趣于计算机（一个异常复杂的事物）和设计（传统上强调简单的事物）如何像水和油那样互不相溶。[3]

随后这个博客被编撰成书，这本书就是《简单法则》（*The*

1　麻省理工学院的英文为 Massachusetts Institute of Technology，缩写为 MIT。编者注。

2　苏斯博士（Dr. Seuss）因文字游戏闻名于世。编者注。

3　John Maeda, "Why Simplicity?", *Maeda's Simplicity* (blog), MIT Media Lab, December 17, 2004, web.archive.org/web/20041230214607/http://weblogs.media.mit.edu:80/SIMPLICITY/archives/000045.html.

Laws of Simplicity），它被迅速翻译成 14 种语言。为什么这本书有如此超常的影响力？我觉得是因为它刚好在 iPhone 问世前出版，那时计算机技术刚开始影响人们每天的生活。《简单法则》锐不可当的势头，加上苹果公司（Apple）对设计与技术的融合逐渐走向成功，竟然促使我朝着与"计算机固有的复杂性"相反的方向前进，走向"为简单而设计"。

我想以一种在职业生涯早期采取的方法远离计算机并接近设计的本质——早在 20 世纪 90 年代，我作为一名实习平面设计师，在日本做着与麻省理工学院的工科生背景毫不相干的工作。我设法摆脱 MIT 里代表技术的 T 的束缚，结果却转了 180 度的弯，成为麻省理工学院媒体实验室——一个引领设计和前沿计算机技术的跨界学科实验室——的终身教授。也许是终身教授的头衔带来的无形压力，让我感到自己仿佛被困在了设计的未来之中。我希望重拾与经典设计的连接。我认为不知道如何应用自己业余获得的工商管理硕士学位，加上 2008 年奥巴马的那句"是的，我们可以！"的大力怂恿，再加上自己对重拾昔日的渴望，最终让我成为这座艺术与设计世界的圣殿——罗德岛设计学院的第 16 任校长。

在长期领导麻省理工学院媒体实验室的工作基础上，后来发生的一系列里程碑事件让我成为设计的坚定捍卫者。这些事件包括出席国会，鼓励把代表艺术的 A 放进 STEM[1] 教育体

---

1 STEM 泛指与科学（Science）、技术（Technology）、工程（Engineering）、数学（Mathematics）有关的学科。编者注。

系里变成 STEAM；包括在硅谷风险投资公司凯鹏华盈（Kleiner Perkins）工作时推出"设计技术报告"（Design in Tech Reports）。所以在 2019 年，当一家当红的商业杂志在文章标题中引述我说的"设计实际上没那么重要"时，所有设计爱好者在网上的评论不出意料地把我拖入了互联网的泥沼。

截取自那次采访的或长或短的回答，将我本来的回答曲解为了不同程度的无知和愚昧。当我的偶像哈特穆特·艾斯林格（Hartmut Esslinger）——苹果原创设计语言背后的主导者——也开始在社交媒体上攻击我时，我知道这场网络争论迎来了高潮。[1] 如果说过去我曾经在设计界获得过某种"殊荣"，那么那一刻的互联网就是在裁定我应当归还这份"殊荣"，在接下来的一段时间里我将不受任何一座设计圣殿的欢迎。当时我感觉如何？糟透了。

其实我被引述的话，是从一次长达 20 分钟的电话采访中断章而来的。坦率地说，这篇文章刚公开时，我很佩服编辑团队挑选的标题，它实在是极具吸引力的点击诱饵。显然，这篇文章在很长一段时间内占据了他们的网络报道点击率的榜首，且看无数刀刃向我迎面飞来就是最好的证明。最讽刺的是，我知道很少有人真正读完了整篇文章，他们只记住了标题。对他们

---

1 John Maeda, "Fast Company on the Design in Tech Report," *Design in Tech Report* (blog), March 24, 2019, designintech.report/2019/03/24/fast-company-on-the-design-in-tech-report-%F0%9F%90%B8-edition.

来说，我完全贬低了设计师日常工作的价值，所以我理应受到惩罚。

事实上，我也的确不认为设计是当下最重要的事。相反，我相信我们应该优先关注什么是计算。因为当我们试着把设计和计算结合起来时，会产生非常神奇的化学反应；当我们把商业和计算结合起来时，会产生巨大的商机。什么是计算呢？我在二三十岁走出麻省理工校园，或在四五十岁离开任何一家科技公司时，都会被问到这个问题。

计算是一个无形的陌生宇宙，它无限广阔，同时包含无限多的细节。它是一种不遵循物理定律的原材料，在某种意义上为互联网提供了远超于电的力量。它是一种无处不在的媒介，由经验丰富的软件开发人员和科技行业控制，他们对计算的掌控程度甚至可能威胁国家主权。在"学会编程"训练营，你可能很轻松地学会编程的机制，但你没法完全理解计算。计算更像一个拥有自己的文化、问题和语言的国度，在这里光学会基础的语言是不够的，更不用提在你对它还知之甚少的时候。

全球各国都在有意识地推动人们更好地理解计算机和互联网是如何运作的。然而，每当一个以技术为中心的教育项目启动时，它就已经过时了。因为计算机不是以人类的速度发展的，而是和互联网一样呈指数级发展。早在 1999 年，当英国广播公司的一名采访者用不屑一顾的语气评论互联网时，已故音乐人大卫·鲍伊（David Bowie）就有先见之明地给出了另一种解释："互联网是一种外星生命体……它才刚刚降临人间。"[1]自从这种外星生命体降临后，世界就变得不一样了——于我而言，传统意义上由设计圣殿定义的设计也不再是产品和服务世界的基本语言。相反，它受到了由不断壮大的科技圣殿控制的新规则的支配，这种支配方式在本质上排斥那些不够了解技术的人。

　　一种新的设计形式应运而生——计算设计。这种设计不怎么用到我们在物质世界中常用的工艺材料，比如纸、棉花、墨水、钢铁等。取而代之的是由新的计算技术驱动的在数字世界里造出来的事物，比如字节、像素、声音、人工智能等。它们是你的屏幕上弹出的爱人发来的信息，是在冷雨中用颤抖的手拍下的完美照片，是当你让智能音箱播放你最喜欢的鲍伊歌曲时它友好的回应——"约翰，找到了！"。我们需要对计算有最基础的认知，才能最大限度地利用这些日益智能的设备与环境的各种新型交互。

　　于是，我开始思考能否找到一种让更多的非技术人士开始建立对计算的基本理解的方法，然后在了解基本概念的基础之上，开始向他们展示计算如何改变产品和服务的设计。在20世纪的大部分时间里，计算本身只在军事领域被用于计算导弹发射的轨迹。进入21世纪，正是设计让计算与商业紧密相连，更重要的是，设计让计算与人们的日常生活息息相关。当设计和对计算的深刻理解与计算带来的独特可能性相结合时，设计就变得非常重要。但

1　BBC Newsnight, "David Bowie Speaks to Jeremy Paxman on BBC Newsnight (1999)," YouTube, youtube.com/watch?v= FiK7s_0tGsg&t=665s.

是，对一个无形的陌生宇宙有直观的理解并非易事。

本书是对我这六年探索的一个总结，我远离了"单纯的"设计，进入了对设计影响最大的核心：计算。我将带大家参观计算机的思想和文化，从它们以前简单的形式到今天我们熟知的更为复杂的形式。谨记，本书并不是为了把你变成计算学科高手而设计的——我在某种程度上极大地简化，甚至过度简化了技术的概念，这肯定会让一些专家皱眉，甚至引起他们的不满。但我希望，哪怕只有最粗糙的简化，本书也能带你了解计算在技术能力和社会文化影响方面是如何发展的，这也许会让你同时觉得印象深刻和可怕至极。

计算带来了一系列问题，但其中大多数问题与我们如何使用计算有关，而非来自底层技术本身。我们已经进入了这样一个时代：今天我们使用的计算机不仅是由电力和数学驱动的，还是由我们的每个动作和它们通过我们的使用过程实时了解到的信息驱动的。在未来，计算如何发展只能归因于人类，如果我们对实际情况一无所知，我们将更有可能陷入受害者的心态。因此，我们自然会想将问题归咎于一小部分——如果不是所有——科技公司领导人。这是相当可能发生的情况，因为对无形或未知的恐惧远比对具体形象（比如一群野狼或龙卷风）的恐惧更强大。互联网这种无形的、不可见的外星力量，代表着最完美的恐惧化身：它潜伏在你生活的社区里，教育着你的孩子，暗中试图伤害所有人。这解释了为什么在当下的电影和电视节目里，充斥着对技术制造的恐怖的描述。[1]

我一直相信，好奇心胜过恐惧——因为当我们好奇时，我们会变得富有创造力；而当我们恐惧时，我们会变得具有破坏性。这些年来，我在设计与技术两座圣殿之间切换的经历让我一直保持着好奇心。当我更深入地思考时，我觉得是我在少数成功之间有幸经历的许多次职业失败让我仍然保持求知若饥。但说实话，我也和所有人一样，感到很累，有点懒，同时太渴望等待一位英雄奋起保护我们并为我们所有人而战。人们普遍缺乏对计算从根本上能做什么和不能做什么的理解。与其把理解的权利交予别人，我邀请你对计算的宇宙保持好奇心。

也许本书正是为你而写的。也许你就是这个世界一直在等待的那位英雄。也许你能找到一种方法把计算具有创造力和奇迹的一面发挥出来。人类现在迫切需要这样的英雄，以将计算推进到超越当下这种虽有强大能力但心智堪比青少年的状态。作为计算世界里的新手，你可能会发现一些我们第一代技术人员还无法想象的东西。当你找到这些东西并获得成功的时候，你将为其他人树立榜样。我希望有一天你能拥有这样的英雄时刻，但现在，请先容许我为你打开与机器对话的大门。

---

1 James Poniewozik, "'Black Mirror' Finds Terror, and Soul, in the Machine," *The New York Times*, October 20, 2016, nytimes.com/2016/10/21/arts/television/review-black-mirror-finds-terror-and-soul-in-the-machine.html.

第一章

机器循环运行

1 // 计算机擅长通过循环重复自己

2 // 硬件可见，软件不可见

3 // 人类是最早的计算机

4 // 递归是最优雅的自我重复方式

5 // 循环坚不可摧，除非程序员出错

1 // 计算机擅长通过循环重复自己

我从小就不太擅长体育，我不光是班上第二胖的孩子，而且无论如何也无法扔出或接住任意大小的球。我唯一的特殊技能就是能长时间保持清醒，这要归功于父亲的影响和他用来管理家里生意的军事化理念。但当我在学校里跑圈并且不断被同学们超过时，这一技能带给我的仅存的自豪感也消失殆尽。我一直觉得在学校里跑圈很无聊，更别提很累。虽然我不太擅长跑圈，但我也知道我不是唯一感到筋疲力尽的——即便是那些跑得最快的同学，在我到达终点的那一刻也都气喘吁吁。无论是否擅长运动、身体素质如何，我们都是终会感到疲倦的动物。

在一件事上，计算机可以比现实世界中的任何人类、动物或机器做得更出色：重复。如果你让它从 1 数到 1,000 甚至 10 亿，计算机绝对不会因为感到无聊而抱怨。你只需要让它从 0 开始，加 1，重复这一步直到达到目标数字。接下来计算机就能自己运行。举个例子，我在计算机中输入以下三行代码：

```
top = 1000000000
i = 0
while i < top: i = i + 1
```

这条指令能让计算机数到 10 亿，用时不超过一分钟，然后它会等待我发出新的指令，在我的完全掌控下执行命令。它急于取悦我。

试想一下：仓鼠在跑轮上不停地跑步，最终一定很累；一级方程式赛车在赛道上高速行驶，也会耗尽汽油停下来。如果仓鼠不停下来，我们会开始担忧。我们的第一反应是：太奇怪了！如果比赛中的赛车不需要进站补给，我们会惊叹：太神奇了！

但是，一台运行程序的计算机只要接通电源就可以处于循环状态并一直运行，永远不会失去能量和热情。它是一种超机械机器，不会像真正的机械那样经历表面磨损，也不会受到重力的影响，因此它能够完美地运行。这一特性是计算机与生机勃勃、躁动不安、吱吱作响的世界的首要区别。

我第一次接触到计算循环的力量是在 1979 年，当时我还在读七年级，我遇到了我人生中的第一台计算机。这对像我这种在城市贫困地区长大的人来说很不寻常。多亏了民权运动推动废除种族隔离的努力，我被送到一所离家一小时车程的学校就读，这里比我家附近那所破败不堪的学校要好得多。

当时康懋达公司（Commodore）在计算机界颇有名气，当然我指的是在当时美国和欧洲的几千名计算机爱好者这种规模的圈子里。那时个人计算机还不是真正的个人计算机，因为一般家庭都买不起。康懋达个人电子交易器（Commodore PET）是美国制造的，它自带一个只显示荧光绿色文本的小屏幕、一个小小的触觉键盘和一个用于存储的磁带驱动器。它拥有 8 千字节的总内存，处理速度是 1 兆赫。相比之下，现在一般的手机内存是 8 吉字节，是当时的 100 万倍，运行速度为 2,000 兆赫，是当时的 2,000 倍。

那时互联网还没出现，不能搜索任何东西。没有微软（Microsoft），不能用文字处理器或电子表格来工作。没有触摸屏或鼠标，不能直接与显示器上的内容进行交互。没有彩色或灰度像素来显示图像，无法直观地传达信息。系统只配有一种字体，文本也只有大写字母。你通过键盘控制光标在计算机屏幕中上下左右移动。你要是想让它拥有任何功能，都必须自己创建一个新程序或者把书或杂志上的代码逐行敲进去。

可想而知，这样的计算机放在教室里，一般是没人用的——它不但没什么用，就算用起来也没有灵魂。没有具有表现力或能传达信息的图像，没有立体声或流行音乐，更没有一系列好应用带来的可操作性，只有那个矩形的光标不停地向你眨眼睛——似乎在等待着你输入指令让它服从。当你终于鼓起勇气往里面输入内容时，你很可能会得到一行大写字母回复：SYNTAX ERROR

（语法错误），这基本上就是在告诉你："你输入的内容出错了，我不明白你的意思。"

不出所料，这样的计算机只吸引了少部分学生——也许是那些和我一样同理心成长得较慢的学生，或者说那些能够忍受每次击键都被报错的沉重打击的学生。我的朋友科林（Colin）的父母在波音公司（Boeing）从事计算机相关工作。他向我展示了我见过的第一个程序，他飞快地在 PET 中输入了以下这段没有任何语法错误的代码：

```
10 PRINT "COLIN"
20 GOTO 10
```

然后他让我输入 RUN……接下来发生的事让我大吃一惊，计算机开始不停地输出 COLIN。我问科林计算机什么时候会停下来，他说："永远不会。"这让我很担心。然后他用 control-C 键中断了程序。光标再次闪烁起来。

接着科林重新输入了第一行代码，但这次多了一个空格和一个分号。

```
10 PRINT "COLIN";
```

他接着输入 RUN，计算机屏幕上显示了以下内容：

```
COLIN COLIN COLIN COLIN COLIN COLIN COLIN
COLIN COLIN COLIN COLIN COLIN COLIN COLIN
COLIN COLIN COLIN COLIN COLIN COLIN COLIN
COLIN COLIN COLIN COLIN COLIN COLIN COLIN
COLIN COLIN COLIN COLIN . . .
```

再一次，它就这样不停地向下滚动、输出文字。我自己试了一下，输入：

```
10 PRINT "MAEDA " . . .
```

我的名字不断重复地出现在屏幕上带给了我极大的满足感：

```
MAEDA MAEDA MAEDA MAEDA MAEDA MAEDA MAEDA
MAEDA MAEDA MAEDA MAEDA MAEDA MAEDA MAEDA
MAEDA MAEDA . . .
```

自从学会了这一招，我会向任何对计算机感兴趣的人表演这个"说出我的名字"的魔术。我把它展示给我当时暗恋的女同学杰西卡看。当她问我"除了这个计算机还能做些什么呢？"的时候（不妙！），我的计算机能力的缺陷变得非常明显。

我的好奇心被点燃了，我开始阅读《字节》（*Byte*）杂志（当时仅有的两本计算相关杂志之一）。因为当时几乎没有任何可用的软件，所以学会写程序非常重要。《字节》杂志里通常印有程序的完整代码，长达好几页，让读者可以随时手动输入到计算机里——唯一的问题是，我没有常用的计算机。

幸运的是，我母亲伊琳娜看待事情总是具有前瞻性，她希望自己的孩子能去做更伟大更好的事情。于是，她从家里在西雅图开的小豆腐店里拿出足够的钱，给我买了一台 Apple II 计算机和一台 Epson 打印机。为了表达对她的感激，我希望自己写的第一个程序是她在豆腐店里用得上的。因此，我开始写一个每月账单程序，希望帮她节省时间。用这个程序输入老顾客每周的订单，在月底能打印出一张账单。

在读十年级的时候，我是一个打字很快的人，因此满怀热情地写了这个程序，我觉得可以帮她一点忙。我花了大概三个月的时间，每天放学后都写代码。其间遇到的最有挑战性的问题是如何处理闰年——如果我按一年 365 天设计这个程序，那么每四年就会遇到多一天这个问题。最后，我选择见机行事，比起解决这个问题，我选择手动把 365 条命令逐条打进去（那时还没有具有复制和粘贴功能的文本编辑器）。这是一项需要手动输入且相当费力的工程。我还记得，当母亲第一次用它来打印每月账单时，我感受到了极大的成就感。

在写完这个程序后不久，我十年级的数学老师莫耶先生（Mr. Moyer）鼓励我参加他的课后计算机俱乐部。在学校里，我在计算机编程方面已经小有名气——也许应该说我是个计算机书呆子。我已经成功完成了我的第一个千行程序，我在想我如果还去参加莫耶先生的俱乐部会不会有失身份，因为跟其他参加聚会的人比，我肯定比较专业。但我还是去了，我清楚地记得莫耶先生讲起一种使用 FOR...NEXT 的循环命令（LOOPS）。听他讲完，我冒了一身冷汗，感觉自己做了件特别傻的事情。

那天晚上回到家，我回看自己写的那个长长的程序，里面有 365 组单独的命令：

```
10 DIM T(365), A(365) : HOME
100 REM GET THE NUMBER OF TOFU AND SUSHI AGE
    FOR EACH DAY OF THE YEAR
110 REM COMMENTS LIKE THIS ARE HOW PROGRAMMERS
    TALK TO THEMSELVES
120 PRINT "IT'S DAY 1"
130 PRINT "HOW MANY TOFU"
140 INPUT T(1)
150 PRINT "TOFU ORDER IS", T(1)
160 PRINT "HOW MANY DOZEN SUSHI AGE"
170 INPUT A(1)
180 PRINT "SUSHI AGE ORDER IS", A(1)
190 PRINT "CONTINUE? HIT 0 TO EXIT OR 1 TO
```

```
    CONTINUE"
200 INPUT ANSWER
210 IF (ANSWER = 0) GOTO 9999
220 PRINT "IT'S DAY 2"
230 PRINT "HOW MANY TOFU"
240 INPUT T(2)
250 PRINT "TOFU ORDER IS", T(2)
260 PRINT "HOW MANY DOZEN SUSHI AGE"
270 INPUT A(2)
280 PRINT "SUSHI AGE ORDER IS", A(2)
290 PRINT "CONTINUE? HIT 0 TO EXIT OR 1 TO
    CONTINUE"
300 INPUT ANSWER
310 IF (ANSWER = 0) GOTO 9999
320 PRINT "IT'S DAY 3"
330 PRINT "HOW MANY TOFU"
340 INPUT T(3)
350 PRINT "TOFU ORDER IS", T(3)
360 PRINT "HOW MANY DOZEN SUSHI AGE"
370 INPUT A(3)
380 PRINT "SUSHI AGE ORDER IS", A(3)
390 PRINT "CONTINUE? HIT 0 TO EXIT OR 1 TO
```

```
   CONTINUE"
400 INPUT ANSWER
410 IF (ANSWER = 0) GOTO 9999
420 PRINT "IT'S DAY 4"
430 PRINT "HOW MANY TOFU"
440 INPUT T(4)
450 PRINT "TOFU ORDER IS", T(4)
460 PRINT "HOW MANY DOZEN SUSHI AGE"
470 INPUT A(4)
480 PRINT "SUSHI AGE ORDER IS", A(4)
490 PRINT "CONTINUE? HIT 0 TO EXIT OR 1 TO
   CONTINUE"
500 INPUT ANSWER
510 IF (ANSWER = 0) GOTO 9999
520 PRINT "IT'S DAY 5"
530 PRINT "HOW MANY TOFU"
540 INPUT T(5)
550 PRINT "TOFU ORDER IS", T(5)
560 PRINT "HOW MANY DOZEN SUSHI AGE"
570 INPUT A(5)
580 PRINT "SUSHI AGE ORDER IS", A(5)
590 PRINT "CONTINUE? HIT 0 TO EXIT OR 1 TO
```

```
    CONTINUE"
600 INPUT ANSWER
610 IF (ANSWER = 0) GOTO 9999
620 REM CONTINUE SIMILARLY FOR 360 MORE TIMES
    BY TYPING AS FAST AS YOU CAN
9999 PRINT "ALL DATA ENTERED"
```

以此类推，重复 360 次……

我用 1—365 指代一年中的每一天，把它们连成一个长长的程序。除了豆腐和寿司用腐皮（油炸豆皮），我们还售卖五六种产品，为此我添加了更多的对话文本。所以，一年中的每一天都需要输入很多字段，其中出现了很多 GOTO 语句，目的是以更清晰的方式告诉母亲哪些数据需要她手动输入。

然后，我用从莫耶先生那里学到的新技巧重写了程序：

```
10 DIM T(365), A(365) : HOME
100 REM THANK YOU, MISTER MOYER
110 FOR I = 1 TO 365
120 PRINT "IT'S DAY", I
130 PRINT "HOW MANY TOFU"
140 INPUT T(I)
150 PRINT "TOFU ORDER IS", T(I)
```

```
160 PRINT "HOW MANY DOZEN SUSHI AGE"
170 INPUT A(I)
180 PRINT "SUSHI AGE ORDER IS", A(I)
190 PRINT "CONTINUE? HIT 0 TO EXIT OR 1 TO
    CONTINUE"
200 INPUT ANSWER
210 IF (ANSWER = 0) GOTO 9999
220 NEXT
230 REM NO NEED TO TYPE ANY MORE ENTRIES. RELAX!
9999 PRINT "ALL DATA ENTERED"
```

完成了！

我难以置信地看着这 365 个独立的小节，每小节包含约 40 行代码——总计约 14,600 行代码。通过新的方法，我在半小时内就把它缩减到了 50 行之内，我的自尊心在那一刻受到了打击。在此之前，我还为自己能够完全用蛮力——手动输入去完成工作而感到自豪。我意识到，如果我能像计算机本身思考的方式那样循环思考，它就能自动优雅地完成我安排的工作。我只需要学会以正确的方式来为计算机设定不停重复的任务，然后就可以像玩具车那样给它上紧发条，它就能自己跑起来了！

让计算机一遍又一遍地做同样的事情，看似是我们在占它不够聪明的便宜。但作为人类，我们必须运用自己的智慧，把重复转化为代码中的一种艺术形式。毫无疑问，计算机拥有自己专属的语言，有特定的词汇和语法。为了能流畅地与它沟通，你需要掌握比本书更多的内容。不过，我可以帮你了解计算最基本的要点，为此，我将先绕道带你了解软件的本质。

2 // 硬件可见，软件不可见

21 世纪初，当时我还在麻省理工学院媒体实验室。我和摩托罗拉的一位高管聊天，讨论标志性的 StarTAC 翻盖手机及其在普及移动电话方面取得的惊人成功。我非常看好这款手机的市场潜力，但这位高管不这么认为。我至今还记得他通过一个预言向我解释了当时这款手机为什么开始滞销，这个预言后来成真了。他说："过去你可以指望给用户提供一台很棒的硬件设备，配套的只读光盘随时都可以被扔掉。但在不久的将来，你会反过来扔掉硬件保留软件。"其实，他描述的正是我们生活的这个时代，如今应用软件无处不在，我们更依赖软件，而不是实体的设备。

表面上，大多数软件都有一个视觉标志，让我们误以为这就是计算机的本体。实际上，你在屏幕上看到的应用软件更接近快餐店的"得来速"标志——你开车到标志前对它喊话，可是这个标志里面什么也没有，它连接着离你只有几辆车距离的忙碌后厨。就像你无法通过拆解"得来速"标志背后的麦克风来了解真正的餐厅是如何运作的，计算机屏幕上的像素也无法告诉我们与之相连的计算机的任何信息。相比之下，当你试着打开运行这个应用程序的硬件时，尽管它的内部结构有些混乱，但你仍然可以找到屏幕、电池或电源，以及一些可见的组成部分。你可以触摸现实世界中的一件物品，在某种程度上理解它。现实世界中的机器是由电线、齿轮和软管组成的，这些对你来说还比较容易理解，可数字世界中的机器是由"比特"或"0 和 1"组成的，这些都是我们的肉眼无法看见的。

那么，在上一节中我为父母的豆腐店制作的每月账单程序的代码又是怎么一回事呢？这个软件是用 BASIC 语言编写的，你可以用眼睛阅读它或者用耳朵聆听它。软件是可见的吗？是，也不是。一方面，程序代码是软件的核心，你可以阅读它，但这就像把制作蛋糕的菜谱和蛋糕本身混淆了那样。软件是机器内部通过程序代码运行的东西——它是蛋糕本身，不是制作蛋糕的菜谱。这个概念上的飞跃可能不容易理解。

理解在计算机"头脑"中运行的软件与输入计算机的程序代码之间的差别对此有些帮助，因为这让你对计算中真正发生的事有概念上的认知。它让你不再相信计算机代码只是计算机代码——表面上你能看到的一切。计算机代码所代表的才是真正的潜力所在。这就好像你在这一页上读到的文字会在你的脑中激发无形的想法，所以你经历的并不是文字本身，而是隐藏在文字背后的无形想法。同样地，你知道你的想象力被适当的文学能量

（我希望包括本书）滋养时会变得多么强大，你的大脑也会被赋予力量去做你以前认为不可能做到的事情。这就是一个精心设计的计算机程序通过手指轻敲或双击被激活时发生的事情——一种替代的、无形的意识瞬间显现，就像给完全干燥的海绵注水的神奇时刻。

计算机可以在"赛博空间"中自由想象，"赛博空间"是威廉·吉布森（William Gibson）在 1984 年的小说《神经漫游者》（*Neuromancer*）中创造的一个术语，同年我开始在麻省理工学院上学：

> 赛博空间。一种交互式幻象，全世界每天都有数十亿合法操作员和学习数学概念的孩子在体验……不可思议的复杂。一条条光线延伸在意识、数据簇和数据群交汇的虚拟空间中。就像城市的灯光渐渐远去……

迷幻，但准确，或者至少接近我在写代码时在机器"内部"的无形世界中本能的体验——请注意，"内部"这个词附带的引号很重要，因为可见的应用程序之下什么也没有。在互联网出现之前，有一个计算机可以轻松进入的下层宇宙。而今，由于互联网和网络设备的普及，这个宇宙的扩张已经远远超出任何像我这样一开始就置身其中的幸运书呆子的预测。吉布森笔下每天被数十亿人体验的"交互式幻象"一方面可以映射脸书（Facebook）、当今任何一个社交媒体网络或一个丰富多彩的三维虚拟世界中的多人电子游戏——或者吉布森所指的"不可思议的复杂"代表的不太具体的方向，这较好地归纳了我在他的诗意描述"一条条光线延伸在意识、数据簇和数据群交汇的虚拟空间中"中感受到的东西。

如你所见，我对这个主题异常热情，并且非常渴望你能和我一起理解它。无论是 1993 年在京都创作艺术装置（将计算机的内部运作具象化为一个真正的迪斯科舞厅，人们在其中扮演计算机零件），还是 2005 年在巴黎卡地亚基金会展出作品（在漆黑画廊的九块大屏幕上投射数十亿个像蜜蜂那样嗡嗡作响的混乱粒子），我都希望更多的人能体验数字意识是怎样一种感觉。为什么？因为我相信若要与机器沟通，你也需要"生活"在机器的世界里。不幸的是，机器的世界本质上是不可见的。

一种理解机器的方法是成为一名大师级计算机程序员，但不是每个人都想这么做。因此，我们在继续阅读本书的余下章节时，试着沿用吉布森对"赛博空间"的描述，去看看机器母语使用者们是如何集体"看见"无形的事物的。

在我们完全跳回赛博空间之前，让我们浅谈一下本书最后一章的主题——机器自动化失衡，来研究计算历史中另一个不可见的方面，了解这一点将大有裨益。和任何一台高效的计算机一样，人类的任何历史都会不断重复，直到它被视为事实。因此，在你对机器感到过于兴奋之前，让我们通过回顾计算机还是完全可见的人类的时期，来拥抱更多的不可见。在这个过程中，你将有机会重写计算的历史，通过正确地收录很多被不公平地忽略的女性专家。

3 // 人类是最早的计算机

最早的"计算机"（computer）并非指机器，而是与数字打交道的人类——这一定义可以追溯到 1613 年，当时英国作家理查德·布雷斯韦特（Richard Braithwaite）将"有史以来最优秀的算术专家"描述为"有史以来最准确的计算机"。[1] 几个世纪后，1895 年版的《世纪词典》[2] 对 computer 的定义如下：

> 做计算的人；计算者（reckoner）；做算术的人（calculator）；具体地说，是为数学家、天文学家、测地学家等做算术计算的人。也可以拼写为 computor。

在 20 世纪初期和中期，computer 这个词指的是用铅笔和纸工作的人。如果大萧条没有袭击美国，可能不会出现那么多人类

1　John Maeda, "First Use of the Word 'Computer,'" *How to Speak Machine* (blog), February 24, 2019, howtospeakmachine.com/2019/02/24/first-use-of-the-word-computer.

2　详见 wordnik.com/words/computer。

计算者。作为创造就业和刺激经济的一种手段，公共事业振兴署[1]启动了由数学家格特鲁德·布兰奇博士（Dr. Gertrude Blanch）领导的"数学表项目"（Mathematical Tables Project），目标是雇用数百名失业美国人用十年的时间手工制作各种数学函数的表格。今天你在科学计算器上很容易获得这些函数计算的结果，比如自然指数函数 e^x 或某个角度的三角正弦值，但当时它们被安排在 28 本厚重的书中，人们用这些书查找已计算好的结果。我很开心能在最近的一次拍卖会上拍到一本这么罕见的书，却发现布兰奇博士并没有被列为合著者。因此，不仅传统计算存在不可见的问题，我意识到了人类计算也同样存在不可见的问题。

　　试想一下，数百人挤在房间里做数学题，他们都用铅笔和纸进行计算。你可以想象这些人会感到无聊，会需要休息时间去吃饭、上厕所或者回家睡觉。你还需要记住，人有时会犯错。所以，前一天晚上在派对上待得太久而且上班迟到的人，可能会算错一两次。坦白地说，与今天我们使用的计算机相比，人类计算者速度相对较慢，有时前后不一致，偶尔还会犯今天的电子计算机永远不会犯的错误。但在电子计算机取代人类计算者之前，世界只能将就着用人类计算者。就在这个时候，艾伦·图灵博士（Dr. Alan Turing）和图灵机出场了。

　　图灵机的想法源自图灵博士 1936 年的开创性论文《论可计算

---

1 公共事业振兴署（Works Progress Administration）是大萧条时期美国总统罗斯福实施新政时建立的一个政府机构，用以解决当时大规模的失业问题。编者注。

数及其在判定问题上的应用》（"On Computable Numbers, with an Application to the Entscheidungsproblem"），该论文介绍了一种描述一台可行的"计算机器"的方法，包括在长纸带上进行写入和读取数字这两种基本操作，以及在这条纸带的任何地方写入或读取数字的能力。机器将被输入一种条件状态，该状态根据它可以读取的内容来确定磁带上的数字将被写入或重写的位置，这样就可以进行计算了。尽管以当时的技术还无法制造出真正的"计算机器"，但图灵发明了构成所有现代计算机基础的思想。他声称，这样的机器可以通过将编程代码存储到处理计算的磁带本身来实现任何计算。这正是今天所有计算机的工作方式：计算机用于进行计算的内存也用于存储代码。

　　与许多人类计算者在纸上计算不同，图灵设想了这样一种机器，它可以在无限长的纸条上不知疲倦地计算数字，以同样的热情进行 1 次、365 次，甚至 10 亿次计算，没有任何犹豫、停顿或抱怨。人类计算者如何与这样的机器竞争？ 10 年后，为美国陆军建造的电子数值积分计算机（Electronic Numerical Integrator and Computer，以下简称 ENIAC）[1] 成为实现图灵理论的第一批可用的计算机之一。当时的主流观点是，制造 ENIAC 的重点在于硬件的打造——这归功于 ENIAC 的发明者约翰·莫奇利（John Mauchly）和约翰·普雷斯珀·埃克特（John Presper Eckert）。而

1　详见 seas.upenn.edu/about/history-heritage/eniac/。

被认为"次要"的计算机编程工作则由弗朗西丝·伊丽莎白·斯奈德·霍伯顿（Frances Elizabeth Snyder Holberton）、弗朗西丝·比拉斯·斯宾塞（Frances Bilas Spence）、露丝·利希特曼·泰特鲍姆（Ruth Lichterman Teitelbaum）、简·詹宁斯·巴蒂克（Jean Jennings Bartik）、凯瑟琳·麦克努尔蒂·莫奇利·安东内里（Kathleen McNulty Mauchly Antonelli）和马琳·韦斯科夫·梅尔策（Marlyn Wescoff Meltzer）组成的人类计算者团队完成——这对该项目至关重要，然而长期以来 ENIAC 的女性计算者们都没有得到认可。[1]

此后，随着计算可以在比 ENIAC 更强大的计算机上运行，人类计算者逐渐消失，计算行为本身让位于撰写用于在机器可以轻松读取的打孔卡上进行计算的指令。20 世纪 50 年代末，格蕾丝·霍珀博士（Dr. Grace Hopper）发明了第一种"人类可读"的计算机语言，这让人们更容易与机器对话。20 世纪 60 年代，美国国家航空航天局（NASA）的科学家玛格丽特·汉密尔顿（Margaret Hamilton）在麻省理工学院首次将编写这些程序指令的手艺称为"软件工程"（Software Engineering）。就在这个时候，新兴半导体行业的先驱工程师戈登·摩尔（Gordon Moore）预测，计算机的计算能力大约每年会翻一番，于是所谓的"摩尔定律"（Moore's Law）诞生了。短短 20 年后，我有幸在麻省理工学院获得了汉密尔顿命名的这个领域的学位，而那时计算机的计

---

1 "ENIAC Programmers Project," First Byte Productions, LLC, 2019, eniacprogrammers. org/eniac-programmers-project/.

算能力已经翻了数千倍，摩尔的指数预测被证明是正确的。

当我们面无表情地在一个金属盒子前打字时，我们很容易忽视人性，为了与人性保持联系，我试着将在布兰奇博士的时代最早扮演"计算机器"角色的人们铭记在心。这让我们想起我们与今天的机器共享的本质上属于人类的过往。那本我竞拍获得的布兰奇博士团队的制表书《弧度制的圆周和双曲正切与余切表》（*Table of Circular and Hyperbolic Tangents and Cotangents for Radian Arguments*）有 400 多页，其中有 200 个数字计算到了小数点后 7 位——我发现印在这些页面上的某些计算是不正确的，这很可能是人为错误。正是人类，发明了能消除某些人为错误的图灵机，让我们能够用许多奇妙的语言与机器沟通。但我们很容易忘记，人类总会犯错——无论当我们做机器的工作时，还是当我们让机器代替我们犯错时。计算有一个共同的祖先：我们。尽管从历史上看，我们在计算机上犯的错误大多在计算本身，但我们现在需要直面那些嵌入计算的错误的人类假设，比如历史上无数女性在计算领域扮演的角色被忽略的事实。计算是由我们创造的，现在我们应该共同对它的结果负责。

4 // 递归是最优雅的自我重复方式

1984 年，我作为一名本科生来到麻省理工学院，当时计算机科学作为一个刚刚起步的领域，采用了由哈尔·阿贝尔森（Hal Abelson）、杰拉尔德·苏斯曼（Gerald Sussman）和朱莉·苏斯曼（Julie Sussman）合著的新教科书。他们将计算机编程的理念从传统手艺中提炼出来，将其推向了批判性思维和科学的领域。在这方面，他们并非孤军奋战——这是一场席卷全球的运动，但主要扎根于大学。因为坦率地说，当时除了大学，没有人拥有（或想要）计算机。当时还没有谷歌（Google）、雅虎（Yahoo）、亚马逊（Amazon）、脸书……别忘了，在那个年代，人们会嘲笑你（我）拥有一台带有彩虹水果标志的奇怪装置。

阿贝尔森和苏斯曼的计算机科学入门课程名为"计算机程序的构造和解释"（Structure and Interpretation of Computer Programs）。我们是第一批使用他们撰写的同名新版教材的学生，每周学习的内容都远远超出我的理解范围。他们的目标是让我们用不同的方式思考。课程的第一周，我们被告知不要再用 GOTO 10 或 FOR...NEXT 循环来思考这个世界。他们向我们介绍了一个名叫"递归"（recursion）的新概念——这是你在日常生活中不会遇到的概念之一，因为它与我们的物质世界通常的运作方式不同。它不仅仅是有点奇怪——它奇怪极了。请允许我更具体地解释这一点。

小时候我非常迷信，相信魔法。我觉得今天的我依然如此。这一切都源于我发现自己有超人的能力，能透过手看东西。你也可以试试：睁开双眼，把一只手放在一只眼前方大约一英尺（一英尺等于 30.48 厘米）远的地方。如果你像我这么做，你就能透过那只手看到它背后的一切。这是我从未想过告诉任何人的事情，因为我觉得拥有这种特殊能力有点恐怖。

所以，当我发现在青少年漫画《阿奇》(Archie，我知道，那个时候的我有点早熟）里有个关于手工制作莫比乌斯环的介绍并实际制作了一个莫比乌斯环时，我觉得我的魔力才真正显现出来。莫比乌斯环是一个用纸折叠而成的简单物体，但当你开始摆弄它时，它会显现令人惊讶的特性。

取两条纸带，将它们做成两个纸环：将其中一条首尾相连，将另一条纸带的一端扭转 180 度，再将其首尾相连。第一个是普通的纸环，第二个则是莫比乌斯环。

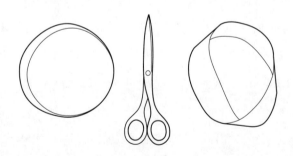

现在拿一把剪刀，沿中线剪这个普通的纸环，会发生什么呢？你会得到……两个纸环。这很合理，因为你把纸环沿中线剪成了两半。但是当你沿中线剪开莫比乌斯环时，会发生什么呢？你得到的不是两个纸环，而是一个。

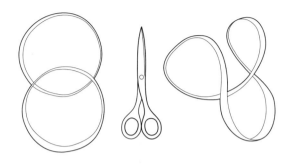

可想而知，作为一个相信魔法的孩子，我完全崩溃了。那种感觉就像偶然发现了某种黑魔法，我想知道我是否释放了我在发现自己可以透过手看东西时发现的那股可怕力量。你可以更进一步，像约翰·巴斯（John Barth）写《框架故事》（*Frame Tale*）那样：在一张纸的一面写上"从前"（ONCE UPON A TIME），在另一面写上"有一个故事开始了"（THERE WAS A STORY THAT BEGAN），然后把这两句话首尾相连。像追溯莫比乌斯环的曲线那样阅读这个故事，你会发现这个故事永远不会结束。这正是递归带给理解它的人的感觉——一个看似简单，但带有实际转折的循环。正是这个转折，使它进入了一个不同的世界。

在计算机程序中编写递归，就和定义一个与概念本身直接相关的概念一样简单。当你第一次学习如何画一棵树时，你会发现这一点反映在自然界中。树从一条垂直线开始，有几条直线从其顶部伸出来。要进一步绘制这棵树，你需要在顶部的每条线的顶部再添加更多的线，以此类推。最后，你只需使用一开始使用的方法，就可以画出具有许多子分支的树。换句话说，树枝是由树枝组成的，部

分是由部分本身定义的。从倒立方向看一棵树的根部，你也可以发现相同的规律——大自然正用递归平静而准确地描绘一切。

感受递归魔力的另一种方法是通过一个名叫 Unix 的专属操作系统，叛逆的程序员在 20 世纪 80 年代试图完全重写它。麻省理工学院的理查德·斯托曼（Richard Stallman）希望这样一个重要的软件系统摆脱任何限制，而非受制于其所有者 AT&T。他将这一努力称为"GNU 项目"[1]。GNU 概括了递归的思想，因为它表达了这样一句话：GNU 不是 Unix（GNU's Not Unix）。请你读这句话的时候暂停一下。U 代表 Unix 和 N 代表 Not 都不难理解。

---

1 详见 gnu.org/gnu/gnu-history.en.html。

但 G 代表 GNU 就有点古怪。如果我们试着把 G 展开，你会看到这个表达式的无限本质：

```
[G]NU's Not Unix
[[G]NU's Not Unix]NU's Not Unix
[[[G]NU's Not Unix]NU's Not Unix]NU's
    Not Unix
[[[[G]NU's Not Unix]NU's Not Unix]NU's Not
    Unix]NU's Not Unix
[[[[[G]NU's Not Unix]NU's Not Unix]NU's Not
    Unix]NU's Not Unix]NU's Not Unix
......
```

与之相关的实物隐喻，就是俄罗斯套娃——一个套娃里有一个和它一模一样但较小的套娃，以此类推。这是因为我们可以说一个俄罗斯套娃是根据另一个制成的。可即便是创下世界纪录的最复杂的一组俄罗斯套娃，也只有 51 个；至于可以计算的"俄罗斯套娃"，层与层之间的嵌套没有具体限制，除非程序员明确设置了"基本用例"。试想一下，打开一个又一个小套娃，甚至打开只有一粒米那么大的套娃，你都可以在里面找到更小的套娃。

　　在比俄罗斯套娃更实用的层面上，有数学头脑的人可以利用递归的想法创造优雅的概念表达，这些表达与我之前向你展示的乱糟糟的豆腐店记账程序完全不同。递归不同于循环的蛮力表达，后者更像流水线上的传送带。你列出所有的任务，接着告诉每个任务按顺序执行，然后你回到（GOTO）列表的开头，重复这一步骤，就像流水线。递归在本质上是不同的，你根据情况定义要执行的任务——就像列出在流水线上制作一大锅咖喱的步骤，关键材料之一是一小锅咖喱。最终你会得到一条在做一小锅咖喱的过程中消失的流水线，而这一过程反过来又需要更小的一锅咖喱，以此类推——你消失在你所创造的事物之中。这个概念不适合胆量不足的人。其核心思想是用定义本身来表达某件事的定义，这是一个在物质世界中只能模糊想象，找不到出处，但在赛博空间中再自然不过的概念。

　　所以，现在你知道了在计算世界中有一些优雅的自我表达方式，类似于在我们有形的世界中引发思考的艺术。按照这个思路，计算思考者欣赏一种高度概念化的艺术，而它尚未被大都会艺术

博物馆（The Metropolitan Museum of Art）收录。当程序员说
"代码如诗"时，他们的确是这么想的。递归通过一种非常简洁的
方式来表达复杂的思想，这些思想在本质上可以是无限且极其矛
盾的，就像当你试图解释 GNU 时发生的事情。在计算中，把一
段密码嵌入真实可用的机器是可行的。哪怕在计算机时代来临之
前，递归也是一个迷人的哲学概念。换句话说，迈克尔·科尔巴
里斯（Michael Corballis）从人文主义者的角度在他关于递归的书
中简洁地表达了这一点：

递归（rĭ-kûr'-zhən），名词。如果你还没明白，请参阅
"递归"。[1]

5 // 循环坚不可摧，除非程序员出错

请回顾我们在这一章的开头用的一个可以从0数到10亿的循环：

```
top = 1000000000
i = 0
while i < top: i = i + 1
```

---

[1] Michael Corballis, *The Recursive Mind: The Origins of Human Language, Thought, and Civilization* (Princeton, NJ: Princeton University Press, 2011), 1.

　　我记录了这段程序在我的计算机上运行的时间：不到一分钟。请记住，当这本书被印出来运到你手上的时候，计算机已经变得更快了。计算机畅通无阻地运行，就像你开着一辆高速汽车，在一条没有尽头的路上踩油门。但是，随着车内音响的轰鸣和体内肾上腺素的飙升，你很容易在超速行驶的时候忽略几英里（一英里约等于 1.61 千米）外的大石头，这可怎么办？没错，轰隆！你的车估计会报废，但愿你系了安全带。

　　当你将前文的计数循环与我的汽车比喻进行比较时，我希望你能思考两者之间的差别。汽车加速总会在某一刻达到最高速度。当它撞到石头后，至少在几秒钟内你将疼得龇牙咧嘴。你会有时间恢复知觉，走出火堆和废墟，最好只有几处轻微的皮肉伤。

　　可是，计算过程一旦启动，就会从被激活的那一刻起以最高速度运行。如果遇到某个错误，它会立即停止，连同它所处的整个世界一并消失。计算机被迫停止的这一瞬间，是一场彻头彻尾的灾难。因为当计算过程在正常进行的时候，你看不见它在做什么。但当它停止时，它要么明确地向你抱怨，要么干脆静止不动。我相信你也遇到过这种情况。你的屏幕上闪现一些信息，或者忽然一片空白。这样的事情在即将发生之时，通常毫无预兆——这通常会让你有点不高兴，甚至很生气。只要在网上搜索"计算机怒火"（Computer Rage），你就能感同身受。

　　在我们讨论计算机为什么会死机之前，先让我们来想想这对计算机来说是什么感觉。我能想到的最贴切的比喻是你在网上看到的许多"大神级"多米诺骨牌玩家煞费苦心地铺开数以千计的多米诺骨牌，然后打开摄像机看多米诺骨牌按完美的顺序倒下，直到其中一块被放错位置的骨牌……失败了。尴尬和震惊是真实存在的，唯一的办法是回到原点，从头开始解决所有的问题。

只需一块错位的多米诺骨牌就能摧毁数百块骨牌按完美顺序倒下的计划——就像正在运行的程序完全崩溃。当地板上到处都是多米诺骨牌时，专业的多米诺骨牌玩家有自律的耐心来修复和重做这一切，程序员也必须以完全相同的态度行事，他们需要以同样干脆的态度轻快地说："它需要被修复。"如果计算机程序员每次在软件崩溃时都无法控制地发怒，他们将无法完成任何工作。由于软件经常崩溃，你会发现专业的软件开发者对灾难的容忍度非常高，但几乎无法容忍可以轻易避免的小错误。

想象这样一种工作，每隔几分钟你都可能被计算机告知做错了什么。运行的程序或计算系统越复杂，可能出错的地方就越多。这些错误分为三类：可避免的（"愚蠢的"）错误、较难避免的错误和不可避免的错误。在计算机发展的早期，许多软件系统和它们赖以运行的硬件存在缺陷，因为就像试验飞机，很多错误都属于"不可避免"的范畴。但如今这种情况没有那么常见，因为计算机已经变得非常成熟。例如，我在 20 世纪 80 年代编写计算机程序时，经常会遇到因一些早期机器的"实验室测试"性质而无法控制的错误。这些错误，或者说 bug，最初是格蕾丝·霍珀在 20 世纪 40 年代在一台早期计算机的继电器里发现的一只被困住的飞蛾，这导致电流无法通过两个接触点，因此计算机无法正常工作。

　　当年，霍珀沿着复杂的机器布线发现了一只真正的 bug[1]，这件事具有象征意义：不难想象她在把讨厌的飞蛾除掉后的喜悦，以及为解决这个问题展开的痛苦搜索。在计算机程序成堆的数字和符号中寻找，就像大海捞针。由于在软件中发现 bug 非常困难，因此在一个项目中协同工作的程序员总有一种强烈的偏见，认为在团队中出现容易避免的"愚蠢的"错误是可耻的。幸运的是，现在有各种系统和技术可以减少软件 bug，但编写没有 bug 的软件对人类来说是不可能的。谨记，并非所有的 bug 都是致命的——许多类型的 bug 可能存在于软件中，却对软件的运行没有明显的影响。

　　为何我们无法构建一个没有 bug 的计算机程序？一种简单但令人不安的思考方式是想象你在开飞机。飞机是由数百万个部件组成的，想想有多少颗螺丝可能松动或丢失。同样地，像微软 Excel 这样复杂的软件有几千万行代码——写入或编译错误其中一行的可能性有多大？请记住，一个大型软件程序可能由成百上千人用数年时间开发。一颗松动的螺丝不太可能对飞机的飞行造成致命的影响，正如 Excel 代码中一个错误的数字设置不一定会导致它停止运行。但可以想象，如果散布各处的"良性"bug 足够多，

---

1 此处为双关，bug 的本义为"虫子"，引申为程序运行时遇到的错误。编者注。

它们就会开始对彼此产生负面影响，意想不到的事情就可能会发生。

计算机可以孜孜不倦地循环。从一个计算机程序启动并开始按指令循环的那一刻起，它便进入了一个隐秘的广阔宇宙。在一个仅由数字组成的世界里，数字可以被自由、精确、毫无阻力地读写。根据软件的复杂程度，一个 bug 总有或大或小的可能潜藏其中，静候时机影响程序的运行，甚至可能使其停止。当程序停止时，如果软件开发人员可以找到 bug 并进行必要的修复，那么循环就能继续。更难发现的，是那些不会立刻导致问题，但有可能悄然无声地以难以诊断的方式带来麻烦的 bug。

别忘了，你在计算机屏幕上看到的，只是计算机的无形世界中正在发生的一小部分事情。在循环和递归循环的驱动下，无数股数字信息流被或优雅或不优雅地快速处理。这一切都归功于人类计算者、人类硬件制造商和人类软件工程师。我们还要时刻准备在最不合适的时候，去应对由人类同伴偶然留下的无形 bug 的冲击。无论如何，请做好准备，迎接这样一个未来：计算机可以深入其内部，孜孜不倦地清除我们写入的 bug——消除所有障碍，让它们强大的循环运动永不停歇。计算机将永远准确无误地重复自己。

第二章

机器能无限变大

1 // 接受指数思维一开始感觉不自然

有一个古老的谜题与一个被外来睡莲入侵的美丽、原始的池塘有关。这种睡莲的数量每天都会翻一番,很快就覆盖了整个池塘表面。一位科学家住在池塘边的小房子里,她每天都仔细地记录入侵植物的生长情况,她特别关心那些在睡莲叶的遮蔽下因缺乏阳光而无法生存的水生生物。

到第 30 天,池塘被完全覆盖,共有 536,870,912 片睡莲。谜题是:"在第 15 天,池塘里大约有多少片睡莲?"我知道我第一次听到这个谜题时,还以为是 268,435,456,536,870,912 片睡莲的一半——回答错误。

更容易回答的问题是:"在哪一天池塘表面被睡莲覆盖一半?"答案是第 29 天。为什么?因为睡莲的数量每天都会翻倍,所以第 30 天的前一天就是池塘表面被覆盖一半的时候,这是合乎逻辑的。如果你答错了,认为池塘在第 15 天被覆盖一半,这个想法也很自然，因为 15 天是 30 天的一半。

让我们想想，如果睡莲的数量每天翻一倍，到第 15 天究竟会发生什么。从第 1 天的 1 片睡莲开始。

第 1 天 = 1 片睡莲

第 2 天 = 2 片睡莲

第 3 天 = 4 片睡莲

第 4 天 = 8 片睡莲

第 5 天 = 16 片睡莲

第 6 天 = 32 片睡莲

第 7 天 = 64 片睡莲

第 8 天 = 128 片睡莲

第 9 天 = 256 片睡莲

第 10 天 = 512 片睡莲

第 11 天 = 1,024 片睡莲

第 12 天 = 2,048 片睡莲

第 13 天 = 4,096 片睡莲

第 14 天 = 8,192 片睡莲

第 15 天 = 16,384 片睡莲

由于上述的数字变化规律很像 Excel 公式 = POWER (2, DAY–1)，我们可以验证第 30 天的睡莲数量为：

第 30 天 = POWER (2, 30-1) = POWER (2, 29) = 536,870,912 片睡莲

到第 15 天，池塘里有 16,384 片睡莲，这还只是 536,870,912 片睡莲的 0.003%，远不到 50%。在第 15 天之后继续运算这一公式，我们发现在第 23 天和第 24 天之间，池塘里睡莲的数量终于突破了总数（约 5 亿片睡莲）的 1%：

第 23 天 = POWER (2, 22) = 4,194,304

第 24 天 = POWER (2, 23) = 8,388,608

你可能会觉得概念化这一切有点难，这正是因为它展示了指数思维和线性思维之间的区别在于思考方式。

当人们错误地回答池塘表面在第 15 天被睡莲覆盖 50% 时，他们使用的是线性思维。我们习惯用线性思维工作，因为这是我们知道的理解世界的方式。想想你种下并每天浇水的一株幼苗会慢慢长大。唯一能让它长得更快的可能是肥料。但如果放任它不管，它将线性生长。稳定、线性的增长并不一定意味着缓慢的增长——例如，当孩子们学习如何数两位数而不是一位数时，他们数到 100 时会感到兴奋。但哪怕你以一百万为单位数数，你采用的依然是常规的线性思维，因为你每次数数增加的量是不变的。

正如这个谜题的正确答案所阐述的那样，指数思维在计算世

界中更常见，这不仅是因为它决定了摩尔定律的成倍增长，还因为它通常是设计循环的方式。我喜欢把线性思维和指数思维的差别比作加法效应和乘法效应的差别。加法使一个数每次增加相同的值；乘法使一个数以"飞跃"的方式增大。例如，如果我像刚发现这种超能力的小学生那样从 1 开始数，每次加 10，只需 10 步我就能跳到 101。但是，如果我从 1 开始乘以 10，经过 10 次迭代，我就有 100 亿了——对任何发现这一点的未来数学家来说，这都堪称超能力。在这两个例子中，我们都使用了同一个乏味的数字 10，但是仅仅将加号（+）旋转 45 度变成乘号（×），我们就进入了一个完全不同的维度。这是因为乘法里面"隐藏"了一堆加法。

　　我们可以把 5×10 看作 10 个 5 相加：5 + 5 + 5 + 5 + 5 + 5 + 5 + 5 + 5。或者，我们可以进一步计算 5×1,000。它看起来是这样的：

5+5+5+5+5+5+5+5+5+5+5+5+5+5+5+5+5+5+5+5+5+5+5+

5+5+5+5+5+5+5+5+5+5+5+5+5+5+5+5+5+5+5+5+5+5+5+

5+5+5+5+5+5+5+5+5+5+5+5+5+5+5+5+5+5+5+5+5+5+5+

5+5+5+5+5+5+5+5+5+5+5+5+5+5+5+5+5+5+5+5+5+5+5+

5+5+5+5+5+5+5+5+5+5+5+5+5+5+5+5+5+5+5+5+5+5+5+

5+5+5+5+5+5+5+5+5+5+5+5+5+5+5+5+5+5+5+5+5+5+5+

5+5+5+5+5+5+5+5+5+5+5+5+5+5+5+5+5+5+5+5+5+5+5+

5+5+5+5+5+5+5+5+5+5+5+5+5+5+5+5+5+5+5+5+5+5+5+

5+5+5+5+5+5+5+5+5+5+5+5+5+5+5+5+5+5+5+5+5+5+5+

5+5+5+5+5+5+5+5+5+5+5+5+5+5+5+5+5+5+5+5+5+5+5+

5+5+5+5+5+5+5+5+5+5+5+5+5+5+5+5+5+5+5+5+5+5+5+

5+5+5+5+5+5+5+5+5+5+5+5+5+5+5+5+5+5+5+5+5+5+5+

5+5+5+5+5+5+5+5+5+5+5+5+5+5+5+5+5+5+5+5+5+5+5+

5+5+5+5+5+5+5+5+5+5+5+5+5+5+5+5+5+5+5+5+5+5+5+

5+5+5+5+5+5+5+5+5+5+5+5+5+5+5+5+5+5+5+5+5+5+5+

5+5+5+5+5+5+5+5+5+5+5+5+5+5+5+5+5+5+5+5+5+5+5+

5+5+5+5+5+5+5+5+5+5+5+5+5+5+5+5+5+5+5+5+5+5+5+

5+5+5+5+5+5+5+5+5+5+5+5+5+5+5+5+5+5+5+5+5+5+5+

5+5+5+5+5+5+5+5+5+5+5+5+5+5+5+5+5+5+5+5+5+5+5+

5+5+5+5+5+5+5+5+5+5+5+5+5+5+5+5+5+5+5+5+5+5+5+

5+5+5+5+5+5+5+5+5+5+5+5+5+5+5+5+5+5+5+5+5+5+5+

5+5+5+5+5+5+5+5+5+5+5+5+5+5+5+5+5+5+5+5+5+5+5+

5+5+5+5+5+5+5+5+5+5+5+5+5+5+5+5+5+5+5+5+5+5+5+

5+5+5+5+5+5+5+5+5+5+5+5+5+5+5+5+5+5+5+5+5+5+5+

5+5+5+5+5+5+5+5+5+5+5+5+5+5+5+5+5+5+5+5+5+5+5+

5+5+5+5+5+5+5+5+5+5+5+5+5+5+5+5+5+5+5+5+5+5+5+

5+5+5+5+5+5+5+5+5+5+5+5+5+5+5+5+5+5+5+5+5+5+5+

5+5+5+5+5+5+5+5+5+5+5+5+5+5+5+5+5+5+5+5+5+5+5+

5+5+5+5+5+5+5+5+5+5+5+5+5+5+5+5+5+5+5+5+5+5+5+
5+5+5+5+5+5+5+5+5+5+5+5+5+5+5+5+5+5+5+5+5+5+5+
5+5+5+5+5+5+5+5+5+5+5+5+5+5+5+5+5+5+5+5+5+5+5+
5+5+5+5+5+5+5+5+5+5+5+5+5+5+5+5+5+5+5+5+5+5+5+
5+5+5+5+5+5+5+5+5+5+5+5+5+5+5+5+5+5+5+5+5+5+5+
5+5+5+5+5+5+5+5+5+5+5+5+5+5+5+5+5+5+5+5+5+5+5+
5+5+5+5+5+5+5+5+5+5+5+5+5+5+5+5+5+5+5+5+5+5+5+
5+5+5+5+5+5+5+5+5+5+5+5+5+5+5+5+5+5+5+5+5+5+5+
5+5+5+5+5+5+5+5+5+5+5+5+5+5+5+5+5+5+5+5+5+5+5+
5+5+5+5+5+5+5+5+5+5+5+5+5+5+5+5+5+5+5+5+5+5+5+
5+5+5+5+5+5+5+5+5+5+5+5+5+5+5+5+5+5+5+5+5+5+5+
5+5+5+5+5+5+5+5+5+5+5+5+5+5+5+5+5+5+5+5+5+5+5+
5+5+5+5+5+5+5+5+5+5+5+5+5+5+5+5+5+5+5+5+5+5

因此，把一个数字乘以 1,000 的力量惊人，让数字 5 以《杰克与豆茎》里的速度增长。在这个故事里，一颗小豆子在被种下的第二天早晨就长成了直冲云霄的巨型豆茎。为了进一步理解这一点，你可以让你的大脑扫描前文的"+5"，感受乘法计算带来的指数级"飞跃"，并由此体会 × 蕴藏的 + 不具备的能量。

指数增长扎根于计算机固有的运作方式中。这是可用计算内存量的演进过程。这也是计算机的处理能力的演进过程。所以当你在硅谷听人们谈论未来时，值得注意的是他们谈论的不是一个年复一年等量变化的未来。他们一直在寻找指数级的跳跃——由于他们十分熟悉计算语言，他们知道究竟该如何利用这些跳跃。接下来，让我们看看像循环语句这样看似无聊的东西是如何在计算机中实现指数魔法的。

2 // 循环中包含的循环打开新维度

回想一下在读小学时，你第一次学习如何在纸上画一个三维立方体。你首先画两个部分重叠的正方形，然后把两个正方形对应的四角连起来。纸的表面虽然是平的，但是你的大脑看到了立方体的线条，情不自禁地想象纸面上出现了更多的空间。乍一看，这似乎是不可能的，因为没有任何可供增加空间的新点位，你看到的只是视错觉。不过，你可以这样思考：从技术层面上来说，绘制的立方体为你提供了更多的空间——因为你现在可以在这个立方体中放置点，然后进入一个全新的维度。要想理解这一点，你首先需要激活你的想象力：想想在绘制立方体之前，你在这张纸上找不到任何大小的三维空间，但取决于你的绘制方法，你可以让这个立方体比纸面更大。

让我们用不同的方法将这个过程重复一遍，数学家们把它作为开启第四维度的大门。首先画一个点，这表示零维。

然后将这一点在空间中展开，将两点相连，你会得到一条线，这表示一维。

然后将这条线在空间中展开，将四个顶点相连，你会得到一个平面，这表示二维。

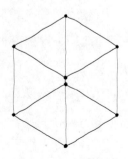

然后将这个平面在空间中展开，将八个顶点相连，你会得到你所知的立方体，这表示三维。

那么，你觉得你应该如何描述第四维呢？没错！将这个立方体在空间中展开，将这十六个顶点相连，你会得到一个超立方体，这表示四维。

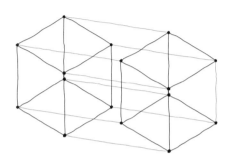

每次维度增加时，我都希望你能体会到什么是典型的指数移动。例如，当我们从一维移动到二维，将一条 10 毫米长的线投射为边长 10 毫米的正方形时，这个新空间就覆盖了 100 平方毫米的面积。这在空间大小上是一个很大的跳跃，而当我们移动到三维空间时，空间会更大——这不仅仅是大小的增长，还是超维的增长。

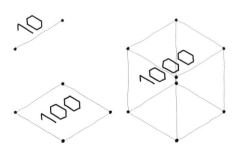

从 100 平方毫米到 1,000 立方毫米的三维空间。每一次维度变化时，我们在空间中的增长都是指数级的。我知道这些很抽象，虽然我很想为你介绍一个易于理解的物理比喻，但我只想到一个看不见的：循环。你准备好了吗？

让我们先来想想如何定义"十年"，想想每年是如何被划分为 12 个月的。我们通过循环来遍历"十年"：

```
for ( year = 1; year <= 10; year = year+1 ) {  }
```

这段代码从 year = 1 开始，每次递增 1，到 year 大于 10 时终止。它目前没有做任何重要的事情，因为它应用于一个内部没有任何东西的代码块。{ } 可以被视为一个紧紧的"拥抱"，其内部的代码就像一个整体那样抱在一起。让我们看看运行结果。

```
1. 2. 3. 4. 5. 6. 7. 8. 9. 10.
```

接下来，让我们把第一段代码中的 year 替换为 month，设定其终止于 12 而不是 10，以循环一年中的 12 个月：

```
for ( month = 1; month <= 12; month = month+1 )
    {  }
```

运行结果如下。

1. 2. 3. 4. 5. 6. 7. 8. 9. 10. 11. 12.

现在，让我们把月循环放到年循环中。

```
for ( year = 1; year <= 10; year = year+1 ) {for
    ( month = 1; month <= 12; month = month+1 ) {   }
}
```

将发生的情况是一年将循环 10 次，而一个月也将在每一年中循环 12 次。如果把结果列出来，它会是这样的：

1.
1. 2. 3. 4. 5. 6. 7. 8. 9. 10. 11. 12.
2.
1. 2. 3. 4. 5. 6. 7. 8. 9. 10. 11. 12.
3.
1. 2. 3. 4. 5. 6. 7. 8. 9. 10. 11. 12.
4.
1. 2. 3. 4. 5. 6. 7. 8. 9. 10. 11. 12.

5.
1. 2. 3. 4. 5. 6. 7. 8. 9. 10. 11. 12.
6.
1. 2. 3. 4. 5. 6. 7. 8. 9. 10. 11. 12.
7.
1. 2. 3. 4. 5. 6. 7. 8. 9. 10. 11. 12.
8.
1. 2. 3. 4. 5. 6. 7. 8. 9. 10. 11. 12.
9.
1. 2. 3. 4. 5. 6. 7. 8. 9. 10. 11. 12.
10.
1. 2. 3. 4. 5. 6. 7. 8. 9. 10. 11. 12.

你注意到那种感觉了吗？通过简单地将一个循环放在另一个循环中，让你感觉不自然的事情就会发生。现在，如果假设每个月都是30天——为了让这个例子更容易理解，你可以使用以下代码：

```
for ( day = 1; day <= 30; day = day+1 ) {  }
```

让我们把结果列出来：

1. 2. 3. 4. 5. 6. 7. 8. 9. 10. 11. 12. 13. 14.

15. 16. 17. 18. 19. 20. 21. 22. 23. 24. 25.
26. 27. 28. 29. 30.

你能想象，如果你把这个循环放到月循环中会发生什么吗？

```
for( year = 1; year <= 10; year = year+1 ) {
  for( month = 1; month <= 12; month = month+1 ) {
    for( day = 1; day <= 30; day = day+1
      ) {  }
  }
}
```

我不想把所有纸张都浪费在追踪这个案例上，但如果你想自己试试看，你可以这样开始：

1.
1.
1. 2. 3. 4. 5. 6. 7. 8. 9. 10. 11. 12. 13.
   14. 15. 16. 17. 18. 19. 20. 21.22. 23.
   24. 25. 26. 27. 28. 29. 30.
2.
1. 2. 3. 4. 5. 6. 7. 8. 9. 10. 11. 12. 13.

14. 15. 16. 17. 18. 19. 20. 21. 22. 23.
24. 25. 26. 27. 28. 29. 30.
3.
1. 2. 3. 4. 5. 6. 7. 8. 9. 10. 11. 12. 13. 14.
15. 16. 17. 18. 19. 20. 21. 22. 23. 24.
25. 26. 27. 28. 29. 30.
......

　　然后数完 3,600 个数字的其他部分，这些数字是你在三维空间中通过追踪 10 年、每年中的 12 个月、每月中的 30 天生成的。这很像把直线延伸成一个平面，然后把这个平面延伸成一个立方体。所有这一切的实际意义，是当一个循环进入另一个循环的内部时，它就像电火花，让紧紧拥抱的 {} 中的任何内容全速运行。

　　任何内容都可以置于 {} 中。例如，假设你在网上某个地方租用了 10 台计算机，你可以轻松通过循环所有机器让它们来完成你的任务。

```
for( machine = 1; machine <= 10; machine =
    machine+1 ) {
  for( year = 1; year <= 10; year = year+1 ) {
    for( month = 1; month <= 12; month = month+1
        ) {
```

```
        for( day = 1; day <= 30; day = day+1 ){  }
      }
    }
}
```

或者你可以倒置这个逻辑，在 10 年时间里的每一天在这 10 台机器上做一些事情：

```
for( year = 1; year <= 10; year = year+1 ) {
  for( month = 1; month <= 12; month = month+1) {
    for( day = 1; day <= 30; day = day+1 ) {
      for( machine = 1; machine <=10; machine =
        machine+1 ) { }
      }
    }
}
```

你也许会有以下想法：

- 没有什么可以阻止你把 year <= 10 改成 year <= 100,000。

- 通过这种方式，你可以一直数到时、分和秒。

- 如果我们租几千台机器，我们可以轻松把机器总数从

10 改成任何你能访问的机器的总数。

每一次循环的嵌套都引入了一个新的维度，就像我们把一个点变成一条直线，然后把一条线变成一个平面，再把一个平面变成一个立方体。随着每一个连续的"被拥抱"或"嵌套"的循环，另一个维度的可能性出现了。在嵌套发生之前不存在的空间突然出现了，调整每个维度的开始和结束限制会增大或减小增加的空间。简而言之，这是一种打开远远超出我们面前或周围物理尺度的空间的方法，这个空间可以大到整个社区乃至整个城市。每个维度可以延伸的距离没有限制，而且通过进一步嵌套循环可以创造出多少个维度也没有限制。对生活在模拟世界的我们来说，这应该很不自然，但这只是计算宇宙中的再自然不过的一天。

3 // 对十的次方的两个方向保持开放的心态

要将这种超越我们对周围和内心空间的有限视角的强烈感受转化出来，最好的方法之一就是看看已故设计师雷·埃姆斯（Ray Eames）和查尔斯·埃姆斯（Charles Eames）的短片《十的次方》（*Powers of Ten*）。[1] 埃姆斯二人组以昂贵的椅子而闻名，你

---

1 "Powers of Ten and the Relative Size of Things in the Universe," Eames Office, LLC, 2019, eamesoffice.com/the-work/powers-of-ten/.

可以在许多豪宅中找到这种椅子。不过，是他们更不为人所知的电影作品让我们更清楚地看到了他们充满活力的头脑中实际上在发生什么。在深入研究计算媒介时，我们会产生一种不安但强大的全知感，我发现观看这部影片（你可以免费在网上观看）是理解这种力量的最快方法。

这部 9 分钟的影片以距离地面 1 米的俯视特写镜头开始，镜头对准了一对在芝加哥公园的一张野餐毯子上打盹的夫妇。接着镜头升高到距离地面 10 米的位置（10 的 1 次方），这对夫妇看起来更小了。然后镜头升高到 100 米高的位置，此时可以俯瞰整个公园。镜头到 1,000 万米高时我们可以看到整个地球，到 100 亿米高时我们可以看到金星的轨道。接下来我们可以看到太阳系的全貌，直到距离我们 1 万光年的地方。然后，我们把镜头拉回刚才距离那对夫妇只有 1 米远的位置，将距离缩小到 10 厘米，此时我们可以近距离观察那名男子的皮肤，然后缩小到 1 毫米，此时我们开始进入他皮肤上的毛孔，然后一直缩小到 0.0001 埃（1 埃等于 100 亿分之一米）。虽然移动影像更有说服力，但你也可以通过这段描述想象它是如何恰如其分地展示了宇宙的宏大尺度和原子的微小尺度的。

随着你的想象力流畅地追踪每一次放大或缩小，你会发现自己超越了自身存在的默认尺度。如果你在 2000 年之前出生，那时候用手触摸以缩放屏幕的操作刚出现，你可能还记得那种"哇"的感觉：只要动动指尖，你就能将屏幕上的内容放大十倍。但与

电影《十的次方》不同的是，你在放大或缩小图片时很快就会遇
到限制，因为屏幕像素的子分辨率开始耗尽。在某个时候，你只
能看到组成图片的矩形像素块，而不是某张人脸微皱的表面。除
此之外，当你缩小一张照片时，你最终也会抵达相框的边缘，那
时你就没理由继续缩小了。

　　我很清楚这些限制，因为在 20 世纪 90 年代初，我作为视
觉设计师，大部分时间都在真实建筑物的尺度制作超越普通照片
极限的图像。与此同时，我关注那些需要用放大镜欣赏的微小细
节，只有用特殊的计算机打印方法才能将它们渲染出来。在这些
实验里，一组森泽 10 号海报成了现代艺术博物馆（MoMA）的
永久收藏——你可能会认出来这组作品不过是不断重复的元素和
子元素循环的产物。

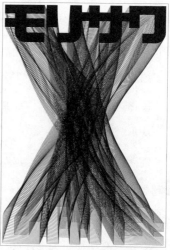

但因为这些作品都是印刷品，所以到某个时候它们不得不终结在印刷它们的纸张边缘。而且，印刷品实际上是由墨点组成的，因此当你放大图像时，你最终会看到墨点。一个更合适的表示无限尺度上的计算思维的方法，是从纸面跃升至研究递归的力量，眼里不只有弯曲的莫比乌斯带。让我们举一个著名的数学例子，用一类名为"分形"（fractal）的几何图形来演示递归。我们从四条线开始：

你可以试着用铅笔把它画出来。现在，用这四条线组合而成的图形替换其中每一条线（共四条线）。你可以看到它很快就会变成锯齿状，就像海马的后背：

这就是科赫曲线，以瑞典数学家尼尔斯·费边·赫尔格·冯·科赫（Niels Fabian Helge von Koch）的名字命名，可以追溯到19世纪和20世纪之交。取三条等长的科赫曲线，将它们首尾相连，你会得到一个六角星。你可以把它画在纸上，亲自验证。这就是它的样子：

它一开始是星形的，但当你用科赫曲线代替其中每条线时，你就会得到"科赫雪花"。如下图所示，如此命名的原因很明显。当你一遍又一遍地把每条线都替换成科赫曲线时，你会很容易发现这一点。随着你反复把每条线替换成科赫曲线，细节会变得越来越细小——无论你把科赫雪花放大到多少倍。当然，细节只是在重复，而且会永远重复。你问自己，它什么时候会停止？答案很简单，永远不会。

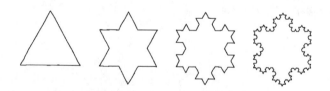

　　科赫雪花的有趣之处在于，它的周长是无限的，但它的面积是有限的。前者看起来合理，因为您可以想象用∧替换 _ 时周长一定会增加。但数学证明这片雪花的实际覆盖面积会达到一个极限，尽管周长在不断增加。[1]这在物质世界里毫不合理。就好比

1　Evelyn Lamb, "A Few of My Favorite Spaces: The Koch Snowflake," *Scientific American*, November 30, 2017, blogs.scientificamerican.com/roots-of-unity/a-few-of-my-favorite-spaces-the-koch-snowflake/.

我告诉你可以用一定数量的睡莲叶来覆盖一个池塘，但是你要花无限长的时间才能绕池塘一圈。不过，这样的奇迹在不寻常的计算世界中司空见惯。

计算对无穷大和可以无限持续的事物有着独特的亲和力，而这些事物用常见的尺度概念（大或小）轻而易举地扰乱了我们的思维。你可能认为你自己无法控制它，但当你按照自己的喜好编写代码和构造循环时，你就可以完全控制它了。当你逐渐意识到你最终可以轻松构建拥有无限细微细节的无限大的系统时，你会感到欣慰。定义一种计算方法来遍历 10 亿用户并使用几个精心设计的循环分析每个用户的细节是很简单的。它看起来大致如下：

```
for( user = 1; user <= 1000000000; user = user+1
    ) {user_data = get_data(user);
      for( data = 1; data <= length(user_data);
      data = data+1 ) {
      analyze_user_data(data);
    }
}
```

我们可以检查这 10 亿用户中每一个用户的数据，这些数据可能对应照片、按键动作或 GPS 位置。没有真正的上限，也没有对任何计算过程的精细程度的限制，无论其背后的执行代码是谁写的。没有必要在广度和深度之间做选择，因为答案可以是"两者都有"。如果担心代码运行时间过长，只要等待几个摩尔定律周期的时间，就可以在短短几年后拥有足够的处理能力。

因此，把这一切想象成一种超能力，你可以跳到太空中的任何位置，通过遍历 10 的正幂来获得广阔的视野：1，10，100，1,000，10,000，100,000，1,000,000，10,000,000，100,000,000，甚至更大。你也可以拥有与之相反的超能力，通过遍历 10 的负幂缩小到你需要的大小：1，0.1，0.01，0.001，0.0001，0.00001，0.000001，0.0000001，0.00000001，0.000000001，1 埃，甚至更小。很酷，不是吗？但不自然，对吧？几乎……像外星人。你说对了。请聆听鲍伊的《火星生活》（"Life on Mars"）……

4 // 与人的尺度脱节对你有害

"繁杂的"（complicated）意味着一件事情是可知的，尽管需要些时间，但你完全有可能理解它。你可能只需要用老派的蛮力去理解它——在这个过程中你也许会感到疲惫，但这是可行的。一台繁杂的机器（想想印刷这本书的机器或把这本书的电子版送到你手上的数字信息传递服务）是可以被理解的。

"复杂的"（complex）是指一件事情是不可知的，你即使用蛮力也无法轻易理解它。之所以说"轻易"，是因为在 21 世纪，我们能使用的计算能力惊人地强大，但它仍不能解决复杂的问题。一台复杂的机器（想想任何与你有关系的人）是不可以被理解的。

我总觉得有必要把这种区别放在显眼的位置，因为我们利用计算来构建系统的方式通常是繁杂的，但我们人类与我们构建的计算系统关联的方式却会产生我们仍未理解的复杂的影响。当你回想起影片《十的次方》和循环中的循环和分形的无限深度，以及在无限尺度上把时间和空间控制在 1 埃的范围内的能力，你就能理解一个在自己拥有绝对权力的无形世界里生活、呼吸、控制着一天中的每一分钟的人，会如何失去与现实的联系。或者，正如已故的人工智能先驱约瑟夫·魏森鲍姆（Joseph Weizenbaum）所预见的那样：

> 计算机程序员是宇宙的创造者，也是这些宇宙唯一的立法者。无论有多强大，从来没有哪位剧作家、舞台导演或皇帝行使过如此绝对的权力来布置舞台或战场，指挥如此忠贞不贰的演员或军队。[1]

因此，考虑到编写代码赋予他们的权力和控制能力，当编写代码的人开始与现实建立不寻常的关系，甚至变得有点疯狂时，我一点也不会感到惊讶。玩电子游戏似乎可以赋予玩家类似的能

---

1 John Maeda, "Joseph Weizenbaum: Humanist Technologist," *John Maeda's Blog* (blog), February 11, 2019, maeda.pm/2019/02/11/joseph-weizenbaum-humanist-technologist.

力，但编写游戏代码本身将这种能力提升到近似上帝的地位。当然，我并不是说每个程序员最后都有某种上帝情结。然而，当其与其他具有破坏性的人格特征混杂在一起时，就会出现典型的"男程序员"（brogrammer）——把自己的妄想和权力意识强加给别人、让别人非常不舒服的男性程序员。请记住，编写代码并不会导致这种结果，仅仅与其相关——世界上还是有相当多友好的程序员的。即使没有流畅的编码，当独裁者和其他权力贩子从地球的任何一个角落敲几下具有破坏性的按键，利用社交媒体来影响数百万人的想法和情绪时，我们也可以看到类似的行为。

计算的实体机器是繁杂的，但可以理解；当这种繁杂的机器像今天这样影响这么多人时，它的社会影响就会变得复杂。繁杂的情况最终是可解的，但复杂的情况完全不同——尽管我们仍然应该尝试去理解这些情况，因为这会影响我们自己乃至所有人类同胞。

操纵数十亿比特，以每秒数百万周期的速度运行，一切都按照你的指令移动、执行、工作，没有抱怨或异议——这就是独裁控制的定义。因此，不难想象为什么几十年来一直在操控曾经规模难以想象（但现在对你来说可以想象）的庞大系统的程序员会开始觉得自己有点强大，并轻视身边那些不服从他们键入的命令的人。当我看到一些在赛博空间长大、技术熟练的人在网上做出尖刻、恼人、无耻的行为时，我将其部分归咎于这样一个事实：编写代码极易让人飘飘然。所以，当我偶尔遇到技术最娴熟的人做出令人不适的行为时，我并不对此感到惊讶。请记住，编写代码是一项极具创造性的任务，本质上包括慷慨与他人分享各种技能——这么做不会让你成为坏人。但如果不小心，它肯定会改变你对周围世界的看法。

我首先承认，在我个人发展的早期，编码对我和我所有的人际关系都产生了负面影响。在我四十多岁的时候，我有幸在工作中认识了一位亲密的同事杰西·谢夫林（Jessie Shefrin），她注意到我很轻松地经历了一件可能成为职业生涯中的一场灾难的事情。杰西问我如何能够如此轻易地与身边的现实世界脱离——作为一个艺术家，她觉得这是不可能做到的，并怀疑我是不是出了什么问题。那一刻就像一只飞蛾钻进我的脑袋，在里面不停地撞来撞去，直到把我击垮。今天，我相信在计算世界里花费太多时间对人际关系来说尤其不健康——因为你周围的人会开始显得微不足道并且生活在一个比计算世界低的维度。当你一遍又一遍地命令人们去做无聊的事情时，他们是没有反应的，然而在计算的世界里，有绝对的服从和无限制的规模（或大或小）。在人生的不同阶段，艺术世界从很多方面拯救了我，让我远离这个令人陶醉的可以绝对控制的世界。

我第一次接触到艺术的重构力量是在钢笔插画课上学习基础艺术知识的时候。当时我画的线有点太长了，于是我左手的拇指和小指本能地移动，坚定地做出按键盘上的"重做"组合键的手势——然后我才意识到物质世界中并没有"重做"这个组合键。

这种幻影反射让我不得不对自己进行重新编程。我还需要重新调整自己与物质世界的关系——这是我在经历了无数次割伤、长出老茧之后才完全学会的，让我感到幸运的是我所有的手指都还健在。我最喜欢的时刻，是发现手工磨铝比磨木头要困难得多的那一刻，那时我正在花三个月的时间手工打磨一个复杂的形状。在那之前，我一直认为铝是一种柔软的"二等"金属，但从那之后我学会了发自内心地尊重它的硬度。

从艺术学校毕业后，我在领导别人的过程中也出现过类似的"顿悟时刻"。幸运的是，我在这个领域经历了多次不幸，这让我意识到自己对计算世界以外的事情知之甚少。作为一名工程师，我能够拆解和理解繁杂的机器，这一直是一项有用的技能。但后来作为艺术家，我懂得了欣赏谜题；作为领导者，我学会了与人合作的技巧：这些都是重要的平衡。因此，当我遇到已经成为领导者或艺术家的软件开发人员时，我会特别兴奋——他们就像我的家人。与此同时，我仍会时不时抽出几个小时来编写代码，以接近计算的世界，因为没有什么比在这无限的空间中工作并感受它的魔力更棒的事情了——也许这是一种心理治疗方式。如果哪天我偶遇你，你看到我像机器那样行事，请你试着将一只飞蛾送到我身边，这样我就有希望挣脱自己的循环。

任何技术都有善恶两面。想想今天我们是如何把诺贝尔这个名字与和平联系在一起的，可我们却忘了阿尔弗雷德·诺贝尔（Alfred Nobel）发明了炸药，它比其他任何武器造成的战争死亡人数都要多。另一方面，炸药也让矿工能更容易、更安全地清理隧道。或者想想曼哈顿计划的科学家们，他们用自己的余生来权衡发明毁灭生命的核武器和使用核医学来拯救生命。今天，我们可以在科技行业看到类似的紧张局势：是通过互动视频让世界上任何人都有接受教育的机会，还是通过不断跟踪人们的行动轨迹来操纵他们的生活、影响他们的行为方式？

我们可以利用自己的计算知识来构建有时具有复杂含义的繁杂系统。我们可以训练大脑来处理繁杂的部分，但我们的价值观需要推动处理复杂部分时遇到的问题。如果开发者和科技公司的工作像早期计算机时代那样只影响到几千人，也许我们可以简单地让那些懂得与计算机沟通的人待在他们的地下工作室或车库里。但现在，计算几乎影响了所有人，从每个人日常的微动作的超细精度到世界尺度。掌握与机器沟通的方法并践行人文主义，比以往任何时候都要紧迫。

5 // 计算机比我们更擅长合作

如果你观察一台几十年前的个人计算机，你会发现它没有地方可以接入互联网。一开始你可能会想，它一定是使用了 Wi-Fi 或其他无线技术。实际上没有，那时的计算机大多是互不相连的孤岛。它们没有那么强大，也没有那么有用。但随着时间的推移，我们教会了它们如何连接键盘、打印机和鼠标,然后教会了它们如何通过"本地"——彼此靠近的网络相互连接。调制解调器的出现让它们可以通过电话线连接到距离很远的其他计算机上。这样一来,一台功能没那么强大的小计算机可以与一台功能更强大的大计算机交流,克服自身速度和内存的限制。这台小计算机可以变得和大计算机一样强大。

20 世纪 80 年代,我第一次在麻省理工学院体验到这种感觉,当时我坐在一位学长的宿舍里,他是计算机高手。他总是取笑我的 Macintosh 电脑是毫无价值的玩具,所以他想让我看看"真男人的电脑"能做什么。在一个无聊的晚上,我看着他熟练地从麻省理工学院的计算机跳到哥伦比亚大学的计算机,然后跳到斯坦福大学的计算机。我大吃一惊:我们正在马萨诸塞州的剑桥,但不知为何又同时出现在纽约和加利福尼亚州,这是多么奇怪的事情啊!我很快就学会了跳到世界上任何一个有计算机的地方的技巧——但是,请注意,那时候还没有那么多计算机可供访问。

在美国在线(AOL)的帮助下,跳到另一台计算机开始变得更简单,但直到万维网(WWW)的出现使互联网完全民主化,这才真正变得简单。万维网使计算机彼此相连,以人类能理解的方式轻松分享文件。从剑桥大学的一把咖啡壶的实时图像[1]到一本名为《连线》(*Wired*)的小众杂志,人们很快就能在网上接触到

---

[1] Quentin Stafford-Fraser, "The Life and Times of the First Web Cam," *Communications of the ACM* 44, no. 7 (July 2001): 25–26, cl.cam.ac.uk/coffee/qsf/cacm200107.html.

各种鲜为人知的东西。1994 年刚过一半，就出现了 2,738 个网站，到年底这个数字激增到 1 万。[1] 2019 年，全球估计有超过 10 亿个网站，而且这个数字还在继续增长。假如有人想通过学习互联网上的一切知识来达到无所不知，他们需要极快的打字和点击技能才能访问全球 10 亿多个网站。当然，这是不可能的。但对计算机系统来说——你懂的，这并非不可能。

这解释了谷歌为何能找到你在互联网上寻找的东西——它只是遍历了世界上所有网站，并将它找到的东西与你要找的东西进行比较。当然，人类不可能做到这一点，但它可以和编写以下代码一样简单：

```
for( website = 1; website <= all_the_
    websites; website = website+1 ) { < 访问这个网站
    中的所有网页，看有没有你想找的东西 > }
```

这是对实际发生的事情的过度简化，但是你可以从中看到运行计算的规模和速度是如何将大海捞针简化为一次只检查一根针的。对人类来说不可思议的事情——比如在全网搜索写得最好的关于"困惑的猫"的文章，在作为计算机代码运行时是相对简单的。让搜索快速运行是这一切的艺术和科学——这也是谷歌公司

1　详见 internetlivestats.com/total-number-of-websites/。

的价值如此之高的部分原因，但你应该明白其中的逻辑。因此，现在是扩展思维的好时机，我们可以对比访问互联网的个人、代表我们访问互联网的那台计算机与全世界彼此访问的所有计算机的处理能力。没错。如果全世界的所有计算机都在以计算的速度和规模彼此交流，那么就没有可比性了。

网络上的计算机总是以我们的名义相互合作，也以它们自己的名义相互合作，因为拥有邻居是有价值的，你可以向他们借一碗糖[1]。类似地，计算机总是在互相交流，因为当一台计算机不知道某件事时，另一台可能会知道。例如，当你让浏览器带你访问网站 howtospeakmachine.com 时，如果它不知道服务器在哪里，它会问另一台计算机；如果另一台计算机也不知道，它就会继续询问其他计算机，直到找到知道的那台。这些交流和交换发生的速度远远超过人与人之间打字沟通的速度——它们毫不拖延，毫无阻力。计算机总是寻求以理想的团队合作方式进行合作。

小计算机总是要求大计算机帮它们做事，比如当你试图在你的移动设备或家庭助理设备上做事的时候。如果计算机没有足够的马力，那么它只需要将这件事情放到计算机网络中，我们现在笼统地称这个网络为"云"。重点是记住天空中不只有一朵云——大多数大型科技公司，如谷歌、亚马逊、苹果、阿里巴巴和微软，都拥有由数十万到数百万台计算机组成的云，这些计算机完全互

---

1 英文俗语，指邻里之间关系好到可以互借东西的程度。编者注。

联。这些云需要大量的电力，因此通常被安置在水电站或太阳能发电厂附近，坐落在毫不起眼、没有窗户的建筑物里，一排排计算机密密麻麻地被放置在机架上。有了云，你能访问的计算机的性能就不仅像摩尔定律描述的那样翻了一倍——每一台加入网络的计算机都使它的性能成倍地增加。

想一想由许多机器组成的计算机网络——如果加上智能手机，就有数十亿台——是如何相互交谈和连接的。它们都可以单次、双次、在多个维度上运行循环，它们可以每秒互相发送数百万条信息（并请求帮助）。我们希望计算机在技能水平和能力层面无限增长，而云计算让我们做到了这一点。今天，我们身处这样一个时代：拿起任何数字设备，都像握住一台飘浮在云中的无限大的赛博机器的微小触手，而这台机器可以做出超自然的强大行为。一台毫无用处、多年来都被当作打字机替代品、不起眼地待在办公桌上的计算机，如今却成了通往云中数十亿其他计算机的大门。一旦接受了这一事实，云服务公司的力量将开始让你为它们带来的可能性而兴奋，也让你因它们的运营规模感到恐惧。

例如，视频流媒体服务平台奈飞（Netflix）的计算能力的主要引擎是亚马逊云，因为对奈飞来说建造自己的云成本太高，而且在竞争激烈的市场中租用云的成本更低。对奈飞这样的公司来说，拥有自己的大规模计算基础设施是没有意义的，因为这不是他们目前需要掌握的专业技术。撇开成本和专业知识不谈，奈飞获得的核心优势是计算资源的流动可扩展性，以及能够通过减少或增加自身的需求去灵活满足消费者需求的能力。但是，当你注意到亚马逊控制了一半的云市场，而且可以随意改变价格时，你不难想到奈飞也会希望购买亚马逊的竞争对手谷歌的云服务作为保险。[1]这也意味着世界上每一家云计算公司都在加班加点地使它们的计算服务器能够更好地协作，为客户提供更快的速度和更强大的功能。

一家科技公司不需要建立在自己的计算设备之上，而是完全灵活地按需租用，这还是相对较新的现象。云计算的商业模型代表了创建公司方式的根本转变，其中所需的原材料都是空灵的、虚拟的、不可见的。但这并不意味着它是不可理解的——它只不过很繁杂。它是可知且可学的。在我们的内心深处，我们需要思考为整个机器族群提供服务，使它们之间能开展远比我们人类的合作更好的合作，在未来可能会产生什么影响。我知道我自己在这个问题上的不安让我下定决心，用余生来培养团队精神并与人类同事合作，因为我们的计算机兄弟正在以指数级别的速度击败我们。

---

1 Kevin McLaughlin, "Netflix, Long an AWS Customer, Tests Waters on Google Cloud," *The Information*, April 17, 2018, theinformation.com/articles/netflix-long-an-aws-customer-tests-waters-on-google-cloud.

1 // 判断一个物体有没有生命，曾经很简单

在我初中一年级开始上生物课的第一天，我的老师费格罗亚夫人（Mrs. Figueroa）解释了生物学是如何研究生命的：当你看到一个物体"对刺激做出反应"时，你便能知道它是有生命的。

看到一个物体在运动是判断其有生命的第一条线索。想想正在燃烧的蜡烛是多么令人着迷的场景，或者自己在镜子中的形象——起初，你不自觉地认为你看到的东西是有生命的，是与自己截然分离的。在黑暗的森林中移动的影子，平静的池塘中发生的微小变化，在安静的房间里从书架上掉落的书，都会引起我们的注意——我们要么把它们与有生命的物体联系起来，要么视其为对自然界的反应，要么认为它们是幽灵等超自然的事物。所有这些现象都与生物世界有某种关联：动物、自然、不死者。

科学家瓦伦蒂诺·布雷滕伯格（Valentino Braitenberg）展示了人脑如何从一个由电子积木组成的简单机器人的世界中解读出

类似生物的行为。这个世界里有马达和传感器，通过将它们以不同的方式组合在一起，会引发不同的类似生物的行为。例如，布雷滕伯格设想了一个简单的轮式机器人，它有一个驱动自己前进的马达和一个探测光线的传感器。这辆小车的程序是这样设计的：当光线照到它时，它就会移动，反之会停下来。它受到的光照越多，跑得越快；它受到的光照越少，跑得越慢。

现在想象与其相反的设计：它受到的光照越多，跑得越慢；它受到的光照越少，跑得越快。这种车在最亮的环境中会完全停下来，但在漆黑的环境中会急匆匆地向前冲。如果这辆小车有你的拳头那么大，你可能会觉得这没什么特别的。然而，如果这辆小车只有 1 美分硬币那么大，你无疑会大喊："一只蟑螂！"除了蟑螂，还有什么动物喜欢躲在黑暗和尘垢中，并且在白天基本不活动呢？布雷滕伯格继续用他的工具设计了类似生物行为的其他变体，以展示生物更复杂的特征，比如攻击性、爱和远见。他的愿景在一定程度上体现在小型吸尘机器人上，它们通过表现出某种智能的简单行为在地板上滑行。[1]

至于今天我们是否会完全被机器人愚弄，甚至在仔细观察之后还认为它可能真的有生命——好吧，我们还没走到那一步。但是，想想已故哲学家刘易斯·芒福德（Lewis Mumford）对电力技术（相当于 20 世纪初的互联网）的看法：

---

1 详见 mitpress.mit.edu/books/vehicles。

无论现代科学技术离其潜在的可能性有多远，它们至少给人类上了一课：没什么是不可能的。[1]

虽然目前还没有出现栩栩如生的机器人，但人工智能是我们正在取得非凡进展的领域之一，这要归功于我们将在下一节谈到的各种进步。

想一想在智能手机和自动驾驶汽车出现之前就存在的技术：自动客服代表。它是 20 世纪 80 年代的每个人都再熟悉不过的无实体机器人。[2] 它是合成的生命形式，在电话的另一端告诉你："如果想留言，请按 1。如果想听目录，请按 2。"就和一个活生生的人会做出的反应一样，如果听到有人按下按钮 1，那么机器人就会对这一刺激做出反应，把你的选择转化为行为。任何在尝试使用数字键盘在迷宫般的选项里寻找方向时失去耐心的人都知道，人们很容易忘记自动电话线路会永不疲倦地把你导向错误的地方。如果你认为自己可以通过待在通话线路上数小时来激怒它，那么请你记住：在另一端运行的是一个无限循环。语音机器人对你最刺耳的愤怒语句无动于衷，因为它没有感情。它确实有全世界的时间一遍又一遍地重复自己。

过去的交互技术很简单，缺少许多必要的组成部分，只能缓

1　Lewis Mumford, *Technics and Civilization* (New York: Harcourt, Brace and Company, 1934), 435.

2　John Maeda, "Abstract," *How to Speak Machine* (blog), April 13, 2019, howtospeakmachine. com/2019/04/13/us-patent-4058672-and-voice-prompting-1976/.

慢地响应我们的输入。因为我们粗略地将物体的反应速度与其"生命力"联系在一起，一只需要一秒以上才能停止运动的机器蟑螂就不会被认为是有生命的。如果电话另一端的声音需要几秒来回应最简单的请求，也会让人觉得不真实。过去，我们很容易觉得我们比我们使用的技术更高级，因为当时它太慢了——比如在20世纪90年代，你在早期的搜索引擎里输入内容后需要等一段时间才会看到结果。但现在搜索发生得如此之快，这是因为它可以预测你想要搜索的内容。现在，当你与计算机对话时，它的反应和其他人类一样快，结尾还带有"唔""哈"之类的语气词，以至它听起来几乎像……人类。

过去，人们很容易认为计算机很笨，因为它做任何事情都要花很长时间。现在，我们认为计算机可能比我们更聪明。这是因为它对我们给它的刺激做出的反应是如此之快，这让它看起来不但有生命，而且非常聪明。因此，回想一下菲格罗亚夫人教给我们的生命之道：我们期待有生命的物体对我们的输入做出回应。再进一步，这个物体的反应越快，我们可能会认为它越聪明，因为它实在是太快了。如果它的耐力比我们强，我们就会开始感到有点担心和不安，因为，出于生存本能的原因，我们不喜欢被超越——尤其是被我们创造出来为我们服务的另一个物种超越。[1]

循环的力量可以防止计算机在访问无限的云功能时感到疲倦，

---

1. Louis Liebenberg, "Persistence Hunting by Modern Hunter-Gatherers," *Current Anthropology,* 47.6 (2006): 1017–1026.

只有一个词可以描述这些无生命的伪生命形态：僵尸！这些无形的僵尸应该引起你的担忧，这主要有两个原因：（1）在与它们中的任何一个争论时，你都赢不了；（2）你会更难判断自己是否在与僵尸交流。如果你更愿意过理智平和的生活，那么前者对你而言很重要；如果你想与周围的事物建立一种公平的关系，那么后者对你来说很重要。还有比被今天已经在我们身边成倍增长的僵尸们愚弄更糟糕的事情，但最终，我猜你会更愿意成为那些能够区分人类和机器人的人，无论机器人变得多么栩栩如生——或者至少争取一个区分它们的机会。[1]

2 // 仿生科学正在经历一场复兴

在 20 世纪 70 年代研究计算机可能令人着迷的能力的先驱者约瑟夫·魏森鲍姆博士，碰巧是 20 世纪 80 年代我在麻省理工学院上过的一门人工智能课的教授。我还记得研究生助教们小声议论，说他赫赫有名，但当时我和其他普通的年轻学生一样，更关心如何在课堂上保持清醒。多年后我突然想起来，他就是 20 世纪

---

1 James Vincent, "Watch Jordan Peele Use AI to Make Barack Obama Deliver a PSA About Fake News," *The Verge*, April 17, 2018, theverge.com/tldr/2018/4/17/17247334/ai-fake-news-video-barack-obama-jordan-peele-buzzfeed; Karen Hao, "Google's AI Can Now Translate Your Speech While Keeping Your Voice," *MIT Technology Review*, May 20, 2019, technologyreview.com/s/613559/google-ai-language-translation.

60 年代著名的 Eliza 程序——第一个模拟英语对话的计算机程序的发明者。它的模拟效果是如此真实，甚至成功地骗过了魏森鲍姆的学生们，让他们误以为自己正在和一个活人交谈。

在这门课开始的前一年，我们曾在计算机科学入门课上编写过 Eliza 程序的一个版本——它确实令人寒毛直竖，但很酷。Eliza 的核心是"以人为本疗法"（person-centered therapy）的一种简化模拟，它鼓励患者使用当时还比较原始的人工智能方法找到自己的解决方案。[1]这涉及"符号计算"（Symbolic Computation），将一组单词和数字安排在一系列按顺序执行的 if-then 语句中。符号计算是"使用更多的字母而不是数字写代码"的时髦说法，它使程序更多地处理更高级的信息，更少地进行单纯的计算。Eliza 程序"听"一个人输入的话，然后通过以下两种方式回复：（1）把输入的话以疑问句的形式重复一遍；（2）被某些关键词触发，生成一个模板答案。让我们把它想象成在代码在无限循环中被 { 拥抱 }：

```
forever {
    < 将这句话中所有的 "我" 替换为 "你"，然后在句前加上 "你刚才说"，在句后加一个问号 。>
}
```

---

[1] 详见 psychologytoday.com/us/therapy-types/person-centered-therapy。

会发生什么呢？如果你告诉计算机："我今天过得很糟糕。"那么它就会回答："你刚才说你今天过得很糟糕？"或者如果你说："我要去商场。"那么它会回答："你刚才说你要去商场？"是不是很酷？

于是，我们学会了根据特定的关键词触发程序。让我们试着修改这个在无限循环中被拥抱的代码：

```
forever {
    < 将这句话中所有的"我"替换为"你"，然后在句
      前加上"你刚才说"，在句后加一个问号。 >
    < 每当句中出现"母亲"或"父亲"等亲属时，忽略
      其他内容，只回答："告诉我更多关于你 × 的事。">
}
```

所以，如果你告诉计算机："这都是我母亲的错。"那么它会回复："告诉我更多关于你母亲的事。"或者如果你说："我受够我父亲了！"那么它会回复："告诉我更多关于你父亲的事。"如果你再用一个非正式的感叹词欣慰地回答它，比如"嗯？"或"啊！"，程序会更有同理心地回复："嗯？你说什么？你的脚不舒服吗？啊！再给我讲讲你的脚吧。"

代码中另一个简单的逻辑修改可以让程序模拟真人在听你说话，让你觉得自己正在进行一场更深层次的对话：

```
forever {
    < 将这句话中所有的"我"替换为"你",然后在句
      前加上"你刚才说",在句后加一个问号。 >
    < 每当句中出现"母亲"或"父亲"等亲属时,忽略
      其他内容,只回答:"告诉我更多关于你 × 的事。">
    < 当一个人输入一段时间后,回顾他们之前说过的
      话,提取主题,然后回复:"我真的很想再听听关于
      × 的事情。" >
}
```

如果我们将其演绎为实际的交流,它会是这样的:

你:我今天过得很愉快。

它:你刚才说你今天过得很愉快?

你:是的。太棒了!

它:多跟我说说。

你:这要从我奶奶说过的一件事说起。

它:你奶奶是做什么的?

你:她在皇后区开一家面包店。

它:我真的很想再听听你今天过得怎么样。

你:很高兴你对此感兴趣!让我从……开始说吧。

想想和一个能忍受你的喋喋不休并能专注听你说话的人交谈带来的纯粹快乐，这样的对话让我们感到被认可，让我们感觉良好。除此之外，由于这个程序是由一个无限循环驱动的，它会坐在你身边，永无休止地听你说话，很像你耐心的父母或其他亲人。当有人花时间认真地倾听你时，你会想回报他们。我们喜欢被人倾听，因为这意味着我们的存在得到了尊重和承认——即使这种尊重和承认是由机器传达的。

计算机可以如此轻易地愚弄人类同胞，这让年轻的魏森鲍姆博士深感困扰。今天，我们觉得任何一位野心勃勃的技术专家都会毫不犹豫地将他们的发明迅速推向市场，但魏森鲍姆不是普通的技术专家。他在小时候逃离了纳粹德国，设法躲过了大屠杀。他的世界观建立在对滥用权力的危害的理解的基础之上。因此，在发明 Eliza 之后，魏森鲍姆一直在公开谈论计算可能对社会造成的危害，而不是从他的突破性发明中获利或发展自身的事业。[1]他有先见之明地料到，总有一天，计算机不仅能熟练地模仿人类的言谈举止，还能通过了解与之交谈的人的一切成功地在交谈中冒充一个真正的人。

但是，魏森鲍姆的预测需要克服三个障碍：（1）需要一种方法来收集有关个人的所有信息，以便人工智能做出令人信服的回

---

1 "Professor Joseph Weizenbaum: Creator of the 'Eliza' program," *The Independent,* March 18, 2008, independent.co.uk/news/obituaries/professor-joseph-weizenbaum-creator-of-the-eliza-program-797162.html.

应；（2）需要一种方法来收集许多与他人的对话，以便人工智能学习新的模式；（3）需要一种新的方法来处理所有收集到的信息，而当时符号计算还无法做到这一点。随着智能手机的出现，我们克服了前两个障碍。由于我们使用的设备具有成瘾性，云很容易持续、密切地观察我们所有的行为。第三个障碍的解决方案是"人工神经网络"，这是一种几乎与符号计算同时诞生的计算技术。[1] 神经网络在 20 世纪 60 年代一场激烈的研究经费之争中落败，但如今它驱动了我们越来越习以为常的计算机异常精确、逼真的语音和文字输出。

最后一个障碍几年前才被一种特殊的硬件——图形处理器（Graphics Processing Unit，以下简称 GPU）打破，设计它是为了让狂热玩家的计算机上的游戏运行得更快，并且画面更逼真。想想为屏幕上每个像素对应的小多边形着色——这是一组中央处理器（Central Processing Unit，以下简称 CPU）可以自行处理的烦琐操作，但随着时间的推移，人们认为一种特殊的"协同处理器"可以有助于处理屏幕上出现的所有内容。如果你查看如今任何一台计算机的配置，你都会发现 GPU 通常被描述为这台计算机的一个卖点，但只有当你是游戏玩家时，它才对你有影响。GPU 无法帮你加速运行计算机所需的标准数据处理任务。它只适用于将炫酷的图像呈现到屏幕上所需的大量数值计算。尽管我们都喜欢流

1　F. Rosenblatt, "The Perceptron: A Probabilistic Model for Information Storage and Organization in the Brain," *Psychological Review* 65, no. 6 (1958): 386–408.

畅的屏幕视觉效果，对传统计算机用户而言，日益强大的 GPU 的作用最终超过了它们本身的价值和需求量。但事实证明，GPU 是实现"神经网络"这一有点年头的人工智能概念所需的数字密集处理的完美廉价加速器，这一概念在人工智能的讨论中被轻蔑地忽视了 50 年，到 21 世纪又被重新唤醒。

如果我们把"神经网络"分开来看，可以发现它意味着两件事。神经：与大脑中的神经元有关。网络：关于神经元之间的相互连接。神经网络不同于符号计算，因为它不涉及由代码的符号语句定义的一系列逻辑步骤——它更像输入和输出之间的数字"原始"关系，通过一组相互连接的类似神经元的元素在数学上建模，就像大脑中的神经元网络。因此，神经网络不能像传统的计算机程序那样被简单地分解为带有符号的逻辑语句，而是包含在合成神经元之间反复传递直到"学习"到一种模式的原始数字。

打个比方，你的肌肉在你运动一段时间后会适应这项运动——你不一定会把做运动这件事看成一系列步骤，但你的肌肉确实已经通过辛苦的练习学会了如何做出反应。换句话说，神经网络是一种对我们可能拥有的"直觉"进行编码的方法，这些直觉不能被写成简单易操作的食谱，并且与长期以来我们广泛接受的由字母和数字符号编写计算机代码的方式截然不同。当涉及神经网络时，并没有实际的计算机代码——只有一个学习模式的黑匣子。黑匣子内部是一个粗略的数学模型，用电流的形式模拟了大脑中的神经元是如何工作的，当受到正确的刺激时，这个数学模型可以利用投喂给它的原始数字数据制造自己的火花、连接和关联来学习模式。

因此，多种因素的共同作用引发了神经网络方法的复兴，这种方法在 20 世纪 60 年代已消亡，但随着时间的推移，计算机智能领域出现的出乎意料的"超级爆炸"使其复活：摩尔定律让通用 CPU 变得更快，推动了甚至更快的专用 GPU 的发展；符号计算方法在让计算机变得更加智能方面遇到了瓶颈；此外还有谷歌、苹果、脸书和亚马逊收集的所有关于我们的数据。当谈论这个巨大的变化时，我们倾向于不用"人工智能"这个词，因为它带有一些过去的负面含义。我们更喜欢用两个术语来描述这种新型人工智能："机器学习"（Machine Learning）和"深度学习"（Deep Learning）。

具体来说，深度学习是一种应用于机器学习的技术。创造人工智能的传统方法是教会计算机如何通过 if-then 规则进行推理。然而，深度学习使用了脑模型——尤其是脑神经网络——来教计算机如何通过观察期望的行为来思考，并通过分析重复的行为模式来学习技能。为了让这个模型顺利工作，计算机需要观察我们的行为，最好是持续地、永不停歇地观察。深度学习曾经在技术上不可行，因为当时缺乏大量训练数据和让计算机成为一个合格的学徒所需的强大处理能力。不出所料，摩尔定律奇迹般地为我们带来了几乎可以计算一切的强大算力。我们不再需要事无巨细地教计算机，因为它可以利用手头的任何数据轻松自学，而且当需要更多数据时，它可以自行从云端获取更多数据，变得更加智能。

让我们先暂停一下——这个想法很微妙，很难完全理解。这很像我们去传统的法国面包店买面包的时候，他们会提供两种看起来一样的面包。一种是天然酵母面包（pain au levain），另一种是工业酵母面包（pain à la levure）。对像我这样的普通美国人而言，这毫无意义，因为它们都有同样的撒有面粉的浅棕色脆皮，这也是法棍的特点之一。但对法国人而言，这两种面包完全不同，因为它们的制作方法不同，它们的味道也有细微的差别。天然酵母面包是用天然酵母制作的，而工业酵母面包是用工业酵母制作的。记住它们之间的区别的一个简单的助记符是"天然酵母"的法语（levain）以 n 结尾，而"天然"的英语（natural）以 n 开始。

我认为手工制造计算机器和老式人工智能的传统技艺就类似天然酵母——向手工构建代码致敬。但是，由神经网络驱动的人工智能新方法是以一种新的、合成的方式制造出来的，类似工业酵母。两种类型的面包就像两种类型的计算，都满足了制造它们的基本需求——但在各自成分上有根本的不同。如何区分天然酵母面包和工业酵母面包？你无法通过观察两条面包的表面来区分——但可以用鼻子嗅出它们之间的差别：天然酵母有一股酸味，而工业酵母没有。同样地，由于神经网络在进行以前难以想象的行为时不会发出任何"气味"，我们需要特别关注这种差异。

在魏森鲍姆的人工智能时代，我们仍然有可能分辨计算机系统机器人般的反应。[1] 它有一种天然酵母的独特酸味。但即使在那个时候，由于摩尔定律的发展，区分真人的反应和机器的反应似乎也会不可避免地变得越来越难。如果你和魏森鲍姆一样对这些新兴的、栩栩如生的神经网络技术带来的影响感到担忧，那么欢迎来到持续开展的关于工业酵母人工智能的辩论。机器学习专家吴恩达（Andrew Ng）认为问题并不是计算机最终是否会被唤醒，成为一种高级生命形式。他认为："如果你在试图理解人工智能的短期影响，那么不要想'感知能力'，你应该想'打了类固醇的自动化'。"[2] 打了类固醇的自动化意味着我们生活在这样一个时代：循环的、无限大的计算机器激发了一种仿佛有生命的物质，像永不疲倦的僵尸那样行动，人工智能是一种没有思想的机器人，它根据它的"大脑"接触到的模式来执行我们的命令。

　　新的工业酵母"活机器"远比过去的机器聪明，因为摩尔定律带我们走了如此之远，以至于意想不到的事情发生了。GPU 为神经网络处理能力带来了巨大的飞跃，但是吴恩达的"打了类固醇的自动化"需要足够大的数据集来投喂神经网络，否则神经网络永远也不可能靠自学变得如此熟练。例如，在 2012 年之前，图

1　Istvan S. N. Berkeley, "A Revisionist History of Connectionism," 1997, userweb.ucs.louisiana. edu/~isb9112/dept/phil341/histconn.html.

2　Andrew Ng (@AndrewYNg), 2017, "If you're trying to understand AI's near-term impact, don't think 'sentience.' Instead think 'automation on steroids,'" Twitter, May 1, 2017, twitter.com/ andrewyng/sta tus/859106360662806529?lang=en.

像识别的平均错误率为28%，语音识别的平均错误率为26%。[1]在机器学习方法开始流行后，图像识别的平均错误率为7%，语音识别的平均错误率为4%。如果云继续从我们的活动中吸收更多的数据，如果僵尸继续复制我们的所有动作还不需要午休，我们终将无法分辨人工智能和人类。工业酵母人工智能已到来，它没有过去天然酵母人工智能的酸味。

3 // 艺术家的视角让你保有好奇心

担任罗德岛设计学院校长时，我认为在一个把STEM放在首位的时代，支持艺术教育是我的责任。我听到公立学校的艺术课从每周几小时缩减到几十分钟，而我成功的技术生涯很大程度上要归功于艺术，这促使我思考如何揭示STEM教育方法的局限性。它迫使我思考摩尔定律带来的利弊，让我了解到艺术与STEM交叉时产生的经济利益，这让我相信STEAM是比STEM更好的策略。把这个议题带到位于华盛顿特区的美国国会并遇到数不清的艺术和设计让位于STEM的故事，在后来促使我前往硅谷。我想了解像苹果和爱彼迎（Airbnb）这样的公司是如何在它们的产品和服务中充分利用STEAM的综合能力的。我发现了什么？那些

1　Benedict Evans, "Voice and the Uncanny Valley of AI," *Benedict Evans* (blog), March 9, 2017, ben-evans.com/benedictevans/2017/2/22/voice-and-the-uncanny-valley-of-ai.

设计氛围浓厚的公司完全理解艺术是享受生活的科学，因此，为了让客户享受在生活中使用它们的产品，它们需要让艺术家参与产品的研发过程。

艺术家的名声往往不好——当然，我因为个人经验非常了解这一点，我的父母希望我学数学而不是艺术，因为他们担心我永远也找不到工作。这是因为艺术可能看起来深奥且无关紧要，但正是在艺术中我找到了一种与计算世界完全兼容的角度。因为艺术不仅仅是你能看到或感觉到的东西，艺术是关于去发现表象之下的东西——理解任何事物的本质核心。例如，艺术家们知道一个关于苹果的重要事实，当你只是咬一口苹果时，你不会立刻发现这个事实。

试着凭记忆画一个苹果，你可能会画一个圆圈，在其上方画一根棍子。但苹果的形状并不基于圆或球——它更像一个有五条棱的柱体。把苹果横着切成两半，不要竖着切。你看到了什么？

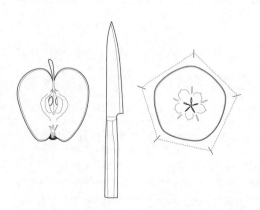

你看到五边形了吗？知道这个事实会让你画的苹果更逼真。事实证明，地球上大多数植物都有这种五条棱排列方式——以苹果为例，它是从苹果花中长出来的。[1]要亲自验证这一点，最简单的方法就是输入代表樱花的表情符号，它揭示了类似的五重对称。所以，优秀的艺术家知道苹果的这个事实，会根据它的自然几何学特性进行描绘——除非你真的在全神贯注地理解（而不是只用眼睛看），否则你发现不了这一点。这就是为什么为了准确地表现人体，画家们首先要了解骨骼结构和肌肉包裹骨骼的方式，然后才学习绘制人体。这是一个有逻辑且严谨的过程。

我们常常误以为艺术家只是按照他们自由想象的方式来描绘世界。年轻时，我确实也犯过同样的错误，但沉浸在艺术中的经历让我在更深的层次上了解了艺术家的思想。我开始充分欣赏艺术家在其主要思维层面上同时把握前景和背景的能力。我深夜在罗德岛设计学院校园里散步时了解到这一点，当时我经常光顾埃德娜·劳伦斯自然实验室（Edna Lawrence Nature Lab）——一个由动物标本、植物标本和矿物样本组成的微型自然历史博物馆。我经常去观察和欣赏华丽的蝴蝶标本陈列柜，小小的玻璃盒子里放着形状和颜色各异的蝴蝶标本，它们有蓝色、绿色或橙色的翅膀。

一个寒冷的冬夜，我走进自然实验室，发现里面空无一人，因此我很自在地问学生展员蝴蝶是不是这里最受欢迎的展品，我

---

1 John H. Lienhard, "No. 1243: Five-Fold Symmetry," *The Engines of Our Ingenuity* (blog), uh.edu/engines/epi1243.htm.

告诉她蝴蝶标本是我的最爱。她马上回答："不是。葫芦才是。"她有些疑惑的表情仿佛在说："你竟然喜欢蝴蝶？这太肤浅和幼稚了。"我们都害怕比我们聪明的大学生是有原因的，所以我以一种谦卑的姿态表示："请教教我吧，大师！"

幸运的是，她给了我一个提示，并开玩笑地说："不过羽毛们也很神奇！"那时，我有点担心她是不是在休息时嗑了什么药。羽毛?！?！

注意到我彻底被绕晕了，她从大型陈列柜中拿出一份蝴蝶标本，将我带到刚刚安装的一台高倍显微镜前。"在这里，你看！"我看着显微镜下的成像逐渐清晰，这正是……蝴蝶翅膀表面的羽毛状鳞片。当蝴蝶不幸被年幼好奇的你抓住，再也无法飞翔时，这就是沾到你手指上的粉末状物质。但这些并非真的粉末；实际上，它近距离看起来像羽毛。我回到了冬季寒冷的室外，但这名鼓舞人心的学生如此流畅地跨越不同尺度的能力对我的启迪使我感到温暖。她让我想起艺术家总是擅长建立不太可能的联系。

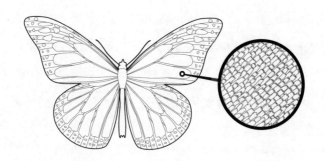

出于对不太可能的联系的尊重，我策划了自己的小型桌面自然实验室，展示了芋螺属动物的壳。[1] 这些海螺壳不是羽毛状的，但有着蛛网状的线条，这些线条形成了小三角形，小三角形又向外扩展，形成更多的三角形——就像你把科赫雪花放大能看到的永无止境的重复图案。这种图案模式类似于著名计算机科学家斯蒂芬·沃尔夫勒姆（Stephen Wolfram）发现的一种名为"规则30"的计算机算法，它展示了我们有机的物质现实与看不见的计算世界之间惊人的联系。因此，我们在计算机上编写的看似不近人情的算法，可能比我们想象得更人性化、更自然。

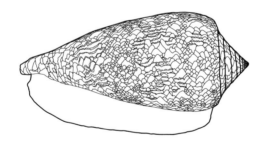

"规则30"的工作原理是将一行数字设为零：

000000000000000000000000000000000 ...

1　Zhenqiang Gong, Nichilos J. Matzke, Bard Ermentrout, Dawn Song, Jann E. Vendetti, Montgomery Slatkin, George Oster, "Evolution of patterns on Conus shells," *Proceedings of the National Academy of Sciences*, January 2012, 109 (5) E234-E241; DOI: 10.1073/pnas.1119859109.

然后编写一段简单的代码，根据以下 8 条规则得到下一行数字：

规则 1：如果存在序列 000，那么将中央数字变为 0。

规则 2：如果存在序列 111，那么将中央数字变为 0。

规则 3：如果存在序列 110，那么将中央数字变为 0。

规则 4：如果存在序列 101，那么将中央数字变为 0。

规则 5：如果存在序列 100，那么将中央数字变为 1。

规则 6：如果存在序列 011，那么将中央数字变为 1。

规则 7：如果存在序列 010，那么将中央数字变为 1。

规则 8：如果存在序列 001，那么将中央数字变为 1。

当我们把这行数字设为 0 时，结果会很无聊，因为运行这个算法会得到如下结果：

```
00000000000000000000000000 ...
00000000000000000000000000 ...
00000000000000000000000000 ...
```

但是如果我们在这行数字中设置一个数字为 1，随着算法的运行我们会看到一些变化：

```
00000000000001000000000000 ...
00000000000011100000000000 ...
```

00000000000110010000000000 ...

0000000000011011111000000000 ...

注意，一个由 1 和 0 组成的模式正在增长，如果你要循环几百个周期，你会得到一个有波峰和波谷的模式。用白色方块代替数字 0，用黑色方块代替数字 1，你会得到这样的图案：

画到第十行时我的手已经累了，于是我编写了一个程序，用完美的矩形代替我手绘的弯弯曲曲的矩形，画完了剩下的 290 行——计算机不到一秒钟就完成了这项工作。

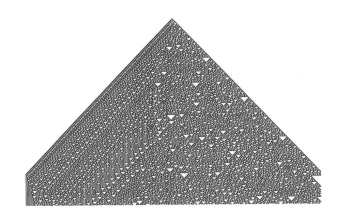

　　这种图案与芋螺属动物的花纹惊人相似这一事实已是多篇探讨其含义的科学论文的主题——如果你和我一样迷信，你会怀疑这不仅仅是一个巧合。大自然会说机器的语言吗？机器会说大自然的语言吗？难道我们仅仅是机器吗？如果你也在问这些问题，你肯定也在像艺术家那样思考，因为艺术家懂得透过表象之美更深入地观察。他们挖掘下层之下的下层，不找到绝不罢休。我最喜欢的 T 恤图案说得最好："没有艺术的地球不过是一个'呃'。"（The earth without art is just 'eh'.）[1]

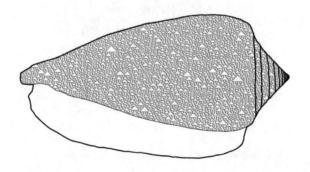

4 // 生活由我们如何与他人相处来定义

　　我和许多有创造力的人一起工作，他们轻视"非创意型"的

1　此处为文字游戏，"地球"的英文为 earth，"艺术"的英文为 art，把 earth 中的 art 去掉，就只剩下 eh（呃），一个英文语气词。编者注。

管理者和商人，因为他们没有看到这些人亲手创造任何东西。艺术家或设计师有一种偏见，认为只有他们自己在身心合一地创造，他们弄脏双手，有着认真工作的证据。这些弄脏的手与大部分时间都在说话而不是做事的那些人干净的双手形成了鲜明对比。

这种"说话人与做事人"的二元对立是一位设计专业的学生告诉我的，我第一次遇见他是在罗德岛设计学院校园里我经常散步的地方。他以典型的年轻步伐走到我面前，说："嗨，约翰。我看到你刚才在和那些学生说话，你不应该和他们说话。"我有点困惑，因为我相信包容性，于是我问他为什么。他回答："因为他们都是'说话人'。他们只谈论他们的工作，不花时间真正地去做事。你应该和我们一起玩，我们是真正的'做事人'，总是在做事情而不是浪费时间去说话的人。"

这位学生坦率而简单的逻辑让我想起了麻省理工学院的工程师们看待麻省理工学院斯隆管理学院（MIT Sloan School of Management）的商业同事们的类似心态。"说话人"被认为是"坏的"，而"做事人"被认为是"好的"。但作为一个完全拥抱了内心的"说话人"身份的"做事人"，我不禁告诉这位年轻人："很遗憾地告诉你，你自己就是一个'说话人'，否则你不会走过来跟我说话。让我告诉你为什么交谈是件好事。它让你与除自己以外的其他人联系起来——在这个过程中，你不仅找到了你不知道的问题的答案，还因为交了一个新朋友增加了你正在创造的东西的潜力。"我很高兴看到这个学生后来在 TED 社区变得活跃，因为他发现了内心的"做事人"和"说话人"。然而，我讲这个故事的目的并不是让大家关注他，而是让大家思考做事情与连接事情的模式。

设计师（和开发人员）在起步阶段会把自己定位为"做事人"。他们用双手完成工作，他们的骄傲源自作品本身带来的认可，而不是在公共论坛上被迫为作品说的话。因为作为"做事人"，我们往往生活在自己的"思想宫殿"里，在这里，我们与自己的对话和我们深入钻研的工作是仅有的重要的事情。[1] 或者，正如已故的大卫·福斯特·华莱士（David Foster Wallace）更讽刺的描述，"我们可以自由地成为我们自己只有头盖骨大的迷你王国的主人，独自处于万事万物的中心。"[2] 你可能会在我的描述中发现一丝轻蔑的语气，但这并非不尊重。这是我的地盘，是我觉得最舒服的地方。我用这种方式把它大声说出来，定期强迫自己变得更加平衡并与这个世界进行互动。因为在生命的大部分时间里，我喜欢创造东西。我也的确不需要谈论它。事实上，这种心态的缩影是我职业生涯早期最知名的艺术作品之一，它是一首俳句：

我只想成为的

是那个创造新事物

---

1 Sarah Zielinski, "The Secrets of Sherlock's Mind Palace," Smithsonian.com, February 4, 2014, smithsonianmag.com/arts-culture/secrets-sherlocks-mind-palace-180949567.

2 David Foster Wallace, "Plain Old Untrendy Troubles and Emotions," *The Guardian*, September 19, 2008, theguardian.com/books/2008/sep/20/fiction.

并思考新事物的人。

在我人生的某段时间，我可以像一个纯粹的"做事人"那样生活。当我早期的计算设计作品在日本赢得声誉时，有一位名叫江并直美（Naomi Enami）的出版商代理我的作品。江并先生会替我做所有"说话人"的工作，而我在幕后创作。

20 世纪 90 年代初的一个秋天，江并先生想让我在一场颇有名气的会议上演讲。我极其害羞，不想在人们面前演讲。最后我只能勉强答应，因为江并先生帮了我很多忙，所以我很紧张地做了这件事。那天晚上，江并先生建议我去参加会后派对，多和人们聊聊。我告诉他我不想去，我宁愿回到房间，继续在计算机上写代码。他有点严厉地看着我，用日语说："前田先生，建立关系和创作软件或设计一样重要。"带着年轻时的傲慢，我当然没有听他的，回到房间开始写代码。几周后，江并先生陷入了昏迷。这件事发生后不久，我意识到没有人会再为我说话了，我需要学会为自己说话。所以我有意识地做出选择，走出我"头盖骨大的王国"，成了一个"说话人"，与此同时仍然尽可能地创作。在这个过程中，我鼓励"做事人"学习如何从与"说话人"的合作中获益，因为"说话人"不仅仅与彼此交谈——他们也与潜在的客户交谈。"说话人"所做的连接工作与创作工作同样重要，因为它让观众更有可能比"做事人"多。

无论是在现实世界还是在计算世界中，连接工作都是一种催化剂，它能让改变在比个体能做的工作更大的范围内发生。早期计算机本身不过是高级计算器，烦人地霸占了电视机的屏幕只为了让自己工作，但后来，随着互联网的出现，计算机通过与其他机器相连而变得令人惊叹。回想一下当我们试图访问 howtospeakma-chine.com 时有数十亿台计算机可供选择，而且我们不想等待超过一秒钟才能访问它——我们应该感谢域名系统（Domain Name System）技术，它让许多计算机彼此合作，创造了这个奇迹。站点名称被抛给一台名称空间服务器，如果它不知道正确的映射，它就会去询问另一台，如此循环直到找到匹配的映射——这一切都在数百分之一秒的时间内完成。无论涉及机器还是人，当它们彼此依靠时，都会产生巨大的力量，因为我们在一起时可以做到我们作为个体无法做到的事情。或者，正如肖尼族首领特库姆塞（Tecumseh）说过的："一枝易折，一捆难断。"[1]

　　在数学世界里，一种简洁的算法在 20 世纪 70 年代精练地表述了生命的彼此依赖，即《康威的生命游戏》（Conway's Game of Life）。[2] 由于标题里有"生命游戏"这几个字，康威的"生命"很容易引起误解，因为它让人想起了 1960 年发明的一款更为知名

1　"Intermediate Level Lessons: Bundle of Twigs," *War of 1812*, PBS, pbs.org/wned/war-of-1812/classroom/intermediate/bundle-twigs.

2　Martin Gardner, "Mathematical Games: The Fantastic Combinations of John Conway's New Solitaire 'Game Life,'" *Scientific American* 223 (October 1970): 120–23. ibiblio.org/lifepat terns/october1970.html.

的家庭桌游[1]，比起康威的游戏的黑白格子，这款桌游给玩家带来了更有趣的体验。[2]此外，《康威的生命游戏》并不是为了好玩而设计的，它更像数学游戏——你只有对数学感兴趣才会觉得有趣。幸运的是，你进入的计算世界很大程度上基于数学，这将帮助你欣赏这枚重要的宝石。至少我希望如此……

《康威的生命游戏》在一个类似沃尔夫勒姆的"规则30"的网格上进行，但使用的是二维单元格。这里只有4条数学规则，每条规则都是一个过分简化的模型，用来模拟一个生命形式如何与"生活"在网格上的相邻生命形式进行交互。

规则1：如果一个活单元格只有一个活着的邻居，它将因孤独而死亡。

规则2：如果一个活单元格有一些活着的邻居，那么它是稳定的，将继续存活。

规则3：如果一个活单元格有太多活着的邻居，它将因过度拥挤而死亡。

规则4：如果一个单元格是空的，并且它有一些活着的邻居，那么交配将导致一个新的活单元格诞生。

1　1860年，米尔顿·布拉德利（Milton Bradley）发明了《生命格子游戏》(*The Checkered Game of Life*)。1960年，鲁本·克拉默（Reuben Klamer）和比尔·马卡姆（Bill Markham）推出了该游戏的现代版本《生命游戏》(*Game of Life*)。编者注。

2　详见 corp.hasbro.com/news-releases/news-release-details/game-life-celebrates-50-years。

我们可以在桌子上用手和黑白纸片一步一步地执行这些规则，黑纸片表示一个单元格是"活的"，白纸片表示一个单元格是"死的"。你可以想象在一个大网格上进行第二次或第三次迭代后，它会变得相当无聊。幸运的是，到20世纪80年代，计算机已经变得足够强大，可以不断循环，覆盖任意大的网格。我还记得20世纪80年代阿贝尔森教授在一堂计算机科学课上非常兴奋地向我们展示了一个首次发现的奇迹：黑白小方块忽明忽暗地闪烁，然后慢慢地，随着时间的推移，我们可以看到一些群体行为。小群体开始一起移动，小群体开始一起闪烁，小群体撞进其他群体，新的小群体出现。但对于《生命游戏》这样宏大的东西，我期待的不仅仅是屏幕上闪烁的黑白方块。我完全不理解，认为它对我来说太难了。

多年后，我意识到这个想法之所以伟大，正是因为它的简洁：仅仅把 4 条规则应用于一个单元格和与它相邻的单元格之间的关系，就能以某种方式创造群体行为，让许多独立的单元格像一个整体那样行动。因为康威的规则中没有单元格群体的概念，所以一群单元格分裂出来并开始像一个整体那样行动是意料之外的结果。

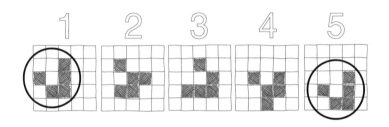

只需要有 4 条规则定义网格中一个单元格与相邻单元格的行为，多个单元格就可以作为一个整体行动，而不需要了解整个网格的情况。相邻单元格之间的沟通似乎是促成这种协作的原因。

当我们一起工作时，我们会获得个人无法拥有的能力，从而获得集体利益。举个例子，帝企鹅巧妙地挤在一起取暖，它们不停地在最温暖的中心和寒冷的边缘交换位置。它们会踮着脚尖来回移动以减少与冰面的接触面积，同时确保彼此不接触，以避免挤压羽毛的保温层。我们可以在鸟类和鱼类中看到类似的涌现行为，它们相互配合形成美丽的群体结构。自然界中这些群体行为的目的不是创造美，而是确保更多同类的生存，就像谚语所说的"一捆难断"。鉴于我们现在知道人体中有数万亿个微生物，并且

它们的数量是人体细胞的 10 倍，我们可以把自身看作一个在最小
规模层面运行的大型协作工厂。[1]

此时此刻，我们的身体里有很多沟通（和创造）正在发生。
此时此刻，计算世界也在发生相同的事情。计算机可以相互交谈
这一事实，意味着它们和它们能接触到的最聪明的计算机一样聪
明——就像我们人类占据的社交网络将我们联系起来。计算机已
经学会了如何协同工作，如何相互交流，如何充分利用我们的集
体智慧，那么我们是否能和计算机一样快地找出合作的方法呢？
也许可以，但只在我们学会倾听彼此时。如果我们能完美地训练
计算机倾听我们的声音和其他计算机的声音，我们是不是也应该
为我们的人类同胞做同样的事情？

5 // 保持大胆，计算机就不会取代我们

我们来回顾一下 50 多年前人工智能诞生的时候，最初的目标
是让计算机思考——熟练的"思考"意味着下棋，因为这是我们这
些书呆子做的事情。当时计算机科学领域迫切希望让自己看起来更
合理，而国际象棋与某种逻辑思维有关。因此，把象棋放在计算机

---

1 "NIH Human Microbiome Project Defines Normal Bacterial Makeup of the Body,"
  National Institutes of Health, June 13, 2012, nih.gov/news-events/news-releases/nih-human-
  microbiome-project-defines-normal-bacterial-makeup-body.

研究的聚光灯下是一个可以吸引聪明的数学家们的有力招募手段。[1]
但是，在试图说服四星上将支持和资助这一新领域时，由国际象棋
选手包装的人工智能前景受到了挑战。[2]最终，他们的营销努力占
了上风，人工智能研究从 20 世纪 50 年代开始繁荣了近 20 年。但是，
当时人们对用原始计算机实现智能的高度期望，最终导致了 20 世纪
70 年代研究资金的大幅削减，这被称为"人工智能寒冬"。[3]快进到
今天，我们知道，由于新的工业酵母人工智能的出现，加上政府和
企业数十亿美元资金的回归，人工智能的夏天又回来了。[4]

在写本书的过程中，我回顾了计算机的历史，发现在 1984
年，我去麻省理工学院那一年，苹果的 Macintosh 计算机诞生了。
那一年恰逢人工智能寒冬过后，价值数十亿美元的人工智能产业
开始崩溃——随之而来的研究资金短缺可以证明。这有助于解释
为什么我本科在麻省理工学院人工智能实验室工作时，我的同学
们都觉得我下错了赌注。在那个时候押注人工智能，很像押注一
分钱老虎机，因为当时计算能力还不足以显示任何有意义的进展。

---

1 Nathan Ensmenger, "Is Chess the Drosophila of Artificial Intelligence? A Social History of an Algorithm," *Social Studies of Science* 42(1) (2011): 5–30, pdfs.semanticscholar. org/c9e7/3fc7ec81458057e6 f96de1cba095e84a05c4.pdf.

2 National Research Council, *Funding a Revolution: Government Support for Computing Research* (Washington, DC: The National Academies Press, 1999), 143. doi. org/10.17226/6323.

3 Eleanor Cummins, "Another AI Winter Could Usher in a Dark Period for Artificial Intelligence," *Popular Science*, August 29, 2018, popsci.com/ai-winter-artificial-intelligence/.

4 "DARPA Announces $2 Billion Campaign to Develop Next Wave of AI Technologies," Defense Advanced Research Projects Agency, September 7, 2018, darpa.mil/news-events/2018-09-07.

让计算机在国际象棋游戏中打败人类的伟大任务，似乎远不如享受一款不需要人工智能并且可以取代办公桌上的笨重打字机的文字处理器的卓越工作效率重要。

然而，快进到今天，人工智能不知怎的成了硅谷所有谈话的主题——智能机器被认为是必然会发生的事情，更不用说各行各业的商业圈和政治领域的谈话了。人工智能的发展速度让我想起金融界的"沃伦·巴菲特法则"，复利是巴菲特投资成功的关键因素。复利规则的背后是一个简单的想法：你存的钱越多，随着时间推移你赚的钱就越多。所以即使在低利率的时候你可能只有相应的低收益，如果你将这些收益不断地加到你的本金中，你赚取的利息也将随着时间的推移而叠加。所以你一年内在银行赚到的几分钱利息可能不重要，但是几十年后的复利把几分钱变成了几美元。例如，如果你在年利率为 1% 的情况下持有 1 美分 50 年，你最终总共会得到 2 美分。在年利率为 5% 的情况下你会得到 11 美分。在年利率为 10% 的情况下你会得到 1.17 美元。但如果你使用摩尔定律，保守估计年利率为 66.66%，那么你持有的 1 美分 50 年后的累积价值将超过 10 亿美元，达到 1,234,721,113.27 美元。

到目前为止，作为计算世界的一名过客，你至少谨慎地相信指数增长的概念。但是计算机专业人员一直都知道这种在以计算思维工作和思考时产生的不寻常、无形的复利现象的存在。对他们来说，科幻小说不仅是小说，还是描绘似是而非的现实的最合乎逻辑的手段。在 20 世纪 90 年代初，科幻作家、计算机科学家弗诺·文奇（Vernor Vinge）写了一篇论文，在摘要的第一行，他预言："在 30 年内，我们将拥有创造超人智能的技术手段。不久之后，人类的时代会走向终结。"[1]

对不懂计算机的人来说，这句话很容易被忽视，但对相信摩尔定律的思考者来说，这似乎是一个完全合乎逻辑的判断。文奇创造了"奇点"（singularity）一词来描述"通过技术创造的超越人类智能的实体诞生"的时刻。

在文奇的论文发表几年后，著名的发明家和科学家雷·库兹韦尔（Ray Kurzweil）更进一步，写了一本长达 672 页的关于奇点的书，详细描述了奇点将如何发生。[2] 库兹韦尔预测，到 2015 年计算能力将超过老鼠的智力，到 2023 年将超过人类的智力。他甚至更进一步，预测到 2045 年计算能力将超越地球上所有人类智力的总和。

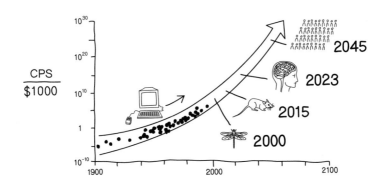

1 Vernor Vinge, "The Coming Technological Singularity: How to Survive in the Post-Human Era," 1993, edoras.sdsu.edu/~vinge/misc/singularity.html.

2 Ray Kurzweil, "The Law of Accelerating Returns," Kurzweil Accelerating Intelligence/Essays, March 7, 2001, kurzweilai.net/the-law-of-accelerating-returns.

对那些远离计算世界的人来说，这个奇点就像科幻小说。但对人工智能先驱[1]——比如已故的麻省理工学院教授马文·明斯基（Marvin Minsky），他更喜欢科幻小说而不是一般的文学，因为科幻小说有想象伟大理念的野心——来说，奇点只是另一个注定要实现的伟大理念。[2]几十年来计算技术的指数级发展表明，奇点并非遥不可及的科幻小说。硅谷甚至有一所由库兹韦尔参与创办的奇点大学，旨在研究机器终将超越人类的未来。正如库兹韦尔预测的那样，2015年超级计算机据报道模拟了老鼠的大脑[3]，我们也可以畅想2023年库兹韦尔的预测会不会发生。

你应该已经能够感觉到，与上一个10年相比，你身边的计算体验有所不同。这就是天然酵母计算和工业酵母计算之间的区别，但你可能没有注意到从闻起来计算机感很重的人工智能到完全没有计算机气味的人工智能的巨大飞跃。数以百万计在云端某处运行的不可见的计算循环——尽管在无限的尺度和无尽的细节层面上运行，却从未减速或感到疲倦——的强度和能力一直在不断增强。科技行业和投资界都在努力推动这些强大无比的系统的发展，这些系统不像制造它们的冷冰冰的计算材料，它们利用了艺术家的观察和自己对人类及其环境的深刻理解。因此，我们可能会遇

1　"The Singularity-2045: The Year Man Becomes Immortal," *Time,* 2019, content.time.com/time/interactive/0,31813,2048601,00.html.

2　"Marvin Minsky: Why I Prefer Science Fiction to General Literature," Web of Stories, YouTube, January 4, 2017, youtube.com/watch?v=c8Af6Y6HBCE.

3　Moheb Costandi, "Fragment of Rat Brain Simulated in Supercomputer," *Nature*, October 8, 2015, nature.com/news/fragment-of-rat-brain-simulated-in-supercomputer-1.18536.

到更多的人类替代品 [1]，它们会眨眼、微笑、跳舞，用几个"嗯"来表达不确定，甚至用调情来吸引你的注意。它们会非常讨人喜欢，因为它们永远不会放弃提高自己，而且每时每刻都能从你身上获得越来越多的知识。

我们知道计算机器擅长模仿我们的行为，擅长相互协作，也擅长处理大规模的任务和精确的细节。如果你是老板，你的第一反应想必是：你被录用了！紧随其后的反应是：你最终会替代我的工作吗？应对这种担忧的方法，是记住一个好老板的目标是成为一个可被替代的人，这样你的团队就会比你成长得更快。所以，从某种意义上来说，作为一个好老板，对这些担忧的回答应该是肯定的。其次，记住如果你不断提升自己的能力，那么你就永远不可能被完全取代——我们的目标在不断变动，这就是我们难以被复制的原因。所以，尽你所能去变得大胆，就像和你一起工作的年轻一代，不要害怕，和他们一样大胆地跳进未知的世界。然后，当你认识到摆在你面前的挑战有多么艰巨时，拿出你的勇气和经验，正如我已故的导师威廉·J. 米切尔（William J. Mitchell）经常说的："全力以赴完成它！"勇士不能杞人忧天。直面挑战，而不是逃避它。

我非常幸运能够深入接触人工智能这个领域，这几乎贯穿了我的一生。在有机会思考我将在接下来的三章里与大家分享的一

1　Philip van Allen, "2011: Object Animism," *Media Design Practices* (blog), mediadesignpractices. net/lab/re searchproject/object-animism-philip-van-allen-faculty-researcher.

系列想法后，我感受到了内心的觉醒。今天，我觉得有必要重新思考计算在新产品和新服务的设计中的意义，因为我们正处于一个转折点，这将不可逆转地影响人类未来。对很多不懂如何与机器沟通的人来说，我们正在以一种完全不公平的方式接近奇点。以目前的发展速度，加上少数掌握计算机技术的人将主宰不掌握计算机技术的人的看法，我们将会把一小群精通计算机技术的创造者的偏见凿入永恒的云端。

我感觉此时此刻，是倏然之间整个池塘被睡莲叶完全覆盖之前的最后一次机会。因此，让我们转向使用计算机制造的能循环、变得更大、变得更像人的产品的影响。谷歌、苹果、脸书、亚马逊、微软、阿里巴巴等公司早已进入这个领域，拥有巨大的先发优势。你正在勇敢地挑战——而不仅仅是有胆量。现在，让我们来了解计算产品与其他产品的本质区别，这些产品迫切需要你的新视角。我们需要让你用天然酵母和工业酵母烘焙自己的招牌面包，以创造未来需要的具有代表性和多样性的充分思考。奇点尚未到来，让我们开始烘焙吧！

第四章

机器是不完整的

1 // 适时的设计比永恒的设计更重要

2 // 设计圣殿没有统治 21 世纪

3 // 完美不如理解

4 // 一个不完整的想法只有经过迭代
才能成为好想法

5 // 情绪价值是一种刚需，而非锦上
添花

1 // 适时的设计比永恒的设计更重要

软件开发者使用奇怪的行话。如果你在他们身边待得够久，你会听到"敏捷"（agile）一词并好奇为什么没有更多的程序员穿运动服[1]，你还会听到"精益"（lean）一词并好奇为什么随处可见糖果包装袋。[2] Scrum[3] 又是什么意思？[4] 也许是你没看过的某部科幻电影？这些术语本质上都在描述一种计算哲学：发布一个不完整但会进行多次迭代的产品，而非试图交付一个完整的产品。

这种方式相对较新。传统的软件产品开发方式是"瀑布式开

---

1 Kent Beck et al., "Manifesto for Agile Software Development," 2001, agilemanifesto.org.

2 Jeff Gothelf, "Tag: Lean Startup," *Jeff Gothelf* (blog), December 15, 2016, jeffgothelf. com/blog/tag/lean-startup.

3 Scrum 是一个管理框架，团队用它来自我组织并朝着一个共同的目标努力。它描述了一组用于高效项目交付的会议、工具和角色。软件团队可以使用 Scrum 解决复杂的问题，既经济又可持续。译者注。

4 Emam Hossain, et al., "Using Scrum in Global Software Development: A Systematic Literature Review," 2009 Fourth IEEE International Conference on Global Software Engineering, ieeexplore.ieee.org/abstract/document/5196931.

发"，这是一系列从高处开始逐步向下完成的逻辑步骤，就像水流从悬崖上跌落那样。"瀑布式开发"是线性过程，要有对产品需求、设计、实现、测试和维护细致入微的关注。你制造任何常见的实体产品（如汽车）都会采用这种方法。但是，在交付一辆车后，你不可能对它进行修改，除非发布产品召回，这不仅麻烦，还会损害公司的声誉。有时候，瀑布可能要花好几年时间才能流到产品制造完成的那一刻，并且成品可能会很滑稽。例如，一位汽车行业的设计师曾经告诉我，一家大型汽车公司曾预测所有的汽车都将配备传真机。因此，他们在汽车内部为传真机设计了一个专用的隔间。几年后，当这款汽车最终被制造出来的时候，传真机并没有像预测的那样无处不在，这导致成品汽车内部有一个毫无用处的硕大空间。

在过去——甚至在今天，设计生产流水线的目标只有一个，就是降低其中每个单元的额外成本（或者说边际成本），以实现更大的规模经济并增加每个单元的利润。数字产品的发布属于曾经只存在于传说中的商业模式，即"边际成本接近零"——这是一个难得的机会，因为这意味着制作和分发一款数字产品的数百或数千份副本没有任何风险。此外，你永远不用处理库存、产品运输的管理和所有相关成本。对有传统制造业背景的人来说，想象这样一个极佳的商业模式的存在是一个相当大的概念飞跃——但考虑到您现在已经知道计算是一种不受物理规律约束的原材料，想象这一点就变得很容易了。因此，挑战现有的商业法则不仅应该让人觉得很容易，还应该让人觉得合乎逻辑。

数字产品的这种特性不仅意味着它们在生产和分销成本上有经济优势，还意味着产品开发成本可以通过选择不交付最终成品而显著降低。你总是可以用一款全新的、逐步改进的数字产品"替换"之前的那款，避免为了交付最终成品进行高额投资的风险。除此之外，远程监控用户如何使用产品的功能意味着产品制造商可以轻松推动产品设计走向最适合终端用户的方向。

在一个纯粹由计算构成的世界里，发布一个更改是如此迅捷，以至你常常没有注意到改变的发生。不出所料，在计算时代，速度是品质的基本要求之一——"好"是由新功能以多快的速度到达你手中和你能以多快的速度让它为你效劳决定的。所以，尤其是考虑摩尔定律的倍增效应时，我们应该料到所有数字产品的速度都会是一年前的两倍，而制造它们的成本会与一年前相同甚至更低。想想某一天你把你的软件升级到"下一个版本"或者醒来时发现系统的新版本已经和昨晚完全不同了。你最常使用的计算产品每天都在优化，但你可能从来没有注意到这些改进，因为这些改进是由无数微小的变化日积月累而成的。

如果你在寻找一个隐喻来解释这种变化，把手指指向天空即可。没错，这一切都有关我们与云端持续的联系。因为在制造、运输和改进数字产品方面，云技术使一种新的敏捷性成为可能。因为每个网络设备都受益于与云端的持续连接，这使任何地方的数据都可以被删除、刷新和同步。而且，由于云端和每一台连接到云端的电子设备可以随时被改变并准备更新，致力于创造一件值得现代艺术博物馆永久收藏的完美产品是自相矛盾的。云计算使对永恒设计的追求变得无关紧要——重要的是及时，更重要的是与时俱进，永不停止，在随时可能被淘汰的状态中寻找幸福和满足。

这听起来有点像某种形式的"计划淘汰"。[1] 这一商业策略在经济大萧条后由通用汽车公司（General Motors）推广开来，它试图让消费者觉得他们正在开的汽车已经过时，不再有吸引力，从而刺激他们升级自己的车。这种利用消费者的不安全感的策略，与亨利·福特（Henry Ford）更务实的做法背道而驰。福特的做法是为消费者提供外壳可以被涂成任何颜色的汽车，"只要它是黑色的"[2]，并承诺汽车可以保值。但通用汽车以商业为导向的方式轻松战胜了福特的务实工程师方式。随着时间的推移，"计划淘汰"策略被环保人士视为资本主义的罪行，因为它导致消费者更快地抛弃正在使用的产品，以更新、更好的产品取代它们。但是，软件与计划淘汰的汽车不同的是计算媒介"总是过时"的固有属性，它们只需更新一次就可升级到更新、更好的版本，而且对环境影响小。事实上，硅谷对产品的标准期望，是软件在你睡觉，甚至

1　John Maeda, "Planned Obsolescence," *John Maeda's Blog* (blog), December 26, 2018, maeda.pm/2018/12/26/planned-obsolescence.

2　在福特1922年的自传中，他回忆一名销售员曾建议他推出更多款式的汽车，当时他声称自己只会造黑色汽车，并回答："任何人都可以把黑色汽车的外壳涂成任何颜色。"编者注。

在你使用时，都能不断改进和升级。

这种策略也有阴险的一面，比如我们现在才知道的苹果和其他公司所做的事——故意为它们的软件逐步推送需要硬件升级才能正常运行的优化。这样一来，你要么错过了一个很酷的新功能，要么你的设备会运行缓慢，因为它需要更多的内存或更快的处理器。在很长一段时间里，苹果是唯一一家可以这么玩的公司，但是谷歌正在用它的 Pixel 硬件平台迎头赶上。当一家科技公司同时拥有软件和硬件时，你会以一种任何汽车公司都不曾想过的方式更有效地沉迷于最新版本和最新型号——你会像上了发条那样在每个财政季度准时支付相应费用。

2 // 设计圣殿没有统治 21 世纪

如果设计是理性意图，那么我们需要改变我们理性思考的能力。但问题在于：传统的设计世界并不在云端，而在你美丽的客厅里。它是祖母给你的那把古董椅子。它是你结婚时收到的瑞典餐具。它是你花了好几个月才决定摆在铝制桌子上的法国皮箱。它是你坐在祖母的椅子上翻阅的那本时尚杂志，告诉你应该烧掉你的条纹外套，因为现在流行的是艺术家草间弥生（Yayoi Kusama）的圆点图案。这根本不是云的世界，但这正是我们热爱的设计。博物馆和画廊里到处都是这样的物品、体验和极其自以为是的提示，我们奉它们为珍宝，对此最恰当的形容就是在参拜设计圣殿。

设计圣殿不是真实存在的地方，而是一个判断卓越设计的标准。严格、具体地说，它是一个由世界各地的博物馆、画廊、时尚美妆行业和艺术教育机构运作的垄断组织，它决定了什么是卓越的设计——也就是"他们"认为卓越的设计。如果你看不出一个设计有多棒，那么，好吧，你就不是设计师。我还在试图搞懂什么是设计时，就被这个结论折磨过，尽管我刚获得麻省理工学院的学位，但我仍不是设计师。因此，为了寻找设计圣殿，我去了一所艺术学校攻读学位，并且在很久以后真的管理了一所艺术学校。

长话短说，成为设计圣殿里合格的一员只有两个要求：（1）你需要了解艺术和设计的历史；（2）你需要像设计师那样思考和工作。满足第一个要求只需要大量阅读、参观博物馆和图书馆、投入几千小时来学习。它不痛苦，而且令人享受其中。如今变得更容易的是你可以带着智能手机走进设计博物馆——这样你可以比我当年学得快得多。我花了四年时间在筑波大学的艺术和设计图书馆里钻研，如果我动动手指就可以用谷歌搜索，我用四年的零头就可以学会了！

进入设计圣殿的另一个要求——像设计师那样思考和工作——比用谷歌搜索设计的历史难多了。但是了解包豪斯学校的基本知识至少能让你一只脚踏进这个俱乐部，所以这是一笔有价值的基础投资。[1] 但要真正成为一名设计师，你需要亲手设计一些东西。你可能会做出一些糟糕的东西但没有完全意识到它有多么糟糕，直到一名受过训练的设计师看到它。学习最基本的设计只需要几十个小时的练习，但要想出众并成为一名真正的设计师，你需要众所周知的一万小时刻意练习[2]，这将使你成为一个受过正规训练的人。

作为一个从设计训练营毕业的人，我可以告诉你在你选择解决的问题或者你选择解决方案的方式中，存在三种设计风格：

1. 过时风格（Out of style）：这意味着你太迟了。你错过了时机。你没有留意趋势，被时代淘汰了。一开始你可能会受到一些排斥，但如果你坚定信念、有毅力，你便有可能战胜困难。

2. 流行风格（In style）：这意味着你的时机刚刚好，你舒适地融入了大多数人。你通过解码流行元素赢得了自己在这个群体中的位置。你属于这个群体，你遵守规则，你松了一口气。但是注意，下一波趋势很快就会流行起来，所以请保持警惕。

1　Hans M. Wingler, *Bauhaus* (Cambridge, MA: MIT Press, 1969), mitpress.mit.edu/books/bauhaus.

2　K. Anders Ericsson, Ralf Th. Krampe, and Clemens Tesch-Römer, "The Role of Deliberate Practice in the Acquisition of Expert Performance," *Psychological Review* 100, no. 3 (1993): 363–406, projects.ict.usc.edu/itw/gel/EricssonDeliberatePracticePR93.pdf.

3. 创造风格（Making style）：这意味着你是先锋——一小部分
人站出来与大多数人背道而驰，表达与流行趋势相悖的观
点。"创造风格"不一定能成功地变成"流行风格"。当你
有勇气挺身而出、接受打击时，这往往意味着你真的很酷。

那些有权决定风格的人，都是设计圣殿里手握底牌的成员。
这是一个有英雄和明确等级制度的舒适之地。这是一个由特权阶
级和富人组成的世界，他们能决定什么是值得拥有的，仅仅是因
为他们能拥有别人无法得到的东西。这一传统可以追溯到皇室将
自己与平民区分开来的方式——拥有别人不能拥有的东西。因此，
美国在线零售商"设计触手可及"（Design Within Reach）经常被
戏称为"设计遥不可及"（Design Without Reach）并非巧合。这
是一个由影响者的观点构建的不公平的世界，多亏了设计圣殿的
炫耀和排场，它从内部看起来似乎非常重要。当然，出于你能想
到的所有原因，我喜欢待在里面，但我也有责任指出它已经与计
算时代脱节。

设计圣殿一直以来都能决定创造风格的走向，因为创造并生
产任何东西都是一项资本密集型任务。哪些东西会投入生产，取
决于创造风格的阶层掌握的知识和人脉。但是，这种依赖少数特
权人士的评价体系受到了理性思考的非设计圣殿信徒的数据收集
和非正式网络的冲击。硅谷的资金和影响力，加上如今任何人都
可以获得的算力，意味着理性思维可以占上风，优质设计可以以

极低的价格开放给所有人使用——只要它是通过电子设备交付的。我们生活在这样一个时代，你永远不必"过时"，你可以一直"流行"，因为你总是可以接触到最新、最好的电子产品设计——如今你可以在帮助设计决策方面发挥关键作用。而且设计圣殿无论说什么或做什么，都无法真正影响当今电子产品的发展，因为实话实说，科技圣殿已经以摩尔速度超过了设计圣殿。

包豪斯学派教义的发展是为了回应工业革命，回应利用工厂中的机器和流水线制造产品的新能力。大众负担得起的家电终于能被造出来了，但它们往往难以使用，也不适合消费者生活空间的装饰风格。因此，在20世纪初，包豪斯教育项目引进了更好的方法来制造大众可用、喜欢且负担得起的产品——不过其产品并没有立即得到大众的认可。因此，奥地利作家、达达主义者拉乌尔·豪斯曼（Raoul Hausmann）说过的一句话与这段快速转型的早期高度相关：

新一代人类应该有勇气成为创新者。[1]

随之而来的，是一个世纪后，旧的包豪斯方式必须被抛弃，以引入由计算驱动的新工业革命带来的新方式。新的勇气是要接

---

1 John Maeda, "Tech x Business x Design," *Design in Tech Report* (blog), March 10, 2019, designintech.report/2019/03/10/%F0%9F%93%B1design-in-tech-report-2019-section-1-tbd-tech-x-business-x-design.

受人与机器沟通的挑战，比如你正在做的事。把自己当作本世纪新包豪斯学派的一员吧。

计算产品的微小改进会以每秒、每天或每月的频率不断刷新，其品质的高低更多地取决于它更新的频率，而不是对一款假装永不过时的完美产品的维护。这与设计圣殿的方式背道而驰，后者习惯于花费数十年时间来有意识地打磨将被永远赞誉的"完美"作品。相反，如今我们生活在一个实时的现实世界，这个世界的基础是云提供的计算能力，它给设计圣殿的金色外表投下了一层阴影。我们需要从根本上摒弃设计应该追求完整的传统观念。

因此，品质的新定义与设计圣殿定义的精心打造的完整成品恰恰相反。根据科技圣殿的定义，品质的新定义是投放一款未完成的产品，通过观察它在市场中如何生存来修改它。这与把赌注全部押在一名经过设计圣殿审查的品牌设计师身上，让产品在盛大的首次亮相仪式中就表现得完美无缺背道而驰。相反，这有关创建一支有才华的极客团队，他们可以充分利用外星来物般的材料，这些材料拥有可以改变商业的新属性。这需要我们的态度发生天翻地覆的改变，转向"精益"（消除冗余，偏爱试验而非完美）和"敏捷"（灵活响应客户不断变化的需求）。或者，用不那么技术宅的话来说，质量是关于自豪地拥抱渐进的、无趣的工作的态度——让自己踏上永无止境的产品创造之旅，哪怕这些产品永远无法进入维多利亚和阿尔伯特博物馆的收藏。所以，让我们听听豪斯曼的至理名言，鼓起勇气去创新吧！

3 // 完美不如理解

对计算产品设计师来说，每天早上醒来后都自问该如何降低自己的高标准，是一个奇怪的开启一天的方式。你必须接受这样一个事实：你不会运用你从浏览伦敦、巴黎或纽约的最新艺术或设计展览中学到的东西，而是投身于"最小可行产品"（Minimum Viable Product，以下简称 MVP）的世界。作为 MVP 创作者，你的工作就是把你伟大的想法削减到只剩骨架，一种只与你最初的愿景有点相似的形式。你的目标是创造一种完全适合低成本原型的东西——任何一个有自尊的完美主义者都不可能容忍将它公开展示。但你可以从另一个角度来看这件事：用优雅适宜的形式演绎一个想法的早期阶段，然后去做更重要的工作，即了解人们对这个想法的看法，即使人们看到的是这个想法最小的可行形式。

你可能会思考：我怎么能在杰作完成之前就做如此卑微的展示呢？你最不希望经历的就是被设计圣殿的一名同事告诉自己做了堆……垃圾。但是，与他人分享不完整产品的美妙之处在于，它提供了一个与不同于你的人分享的机会。网络连接，加上软件可以被传输到全世界大部分设备上的事实，使分享成为可能。我们只需要把产品放到云端，任何人就可以从任何地方获取它。

云不仅存储了你的产品，还能即刻把产品提供给所有想尝试它的人。通过接触这些人，你就有可能了解他们对你的产品的看法。想想在公司食堂的显眼位置摆一个意见反馈箱的常见做法——这样你就可以判断人们对一个新的管理举措有什么看法。同理，给你在网上做的任何东西都附上反馈表，这样你就有机会了解人们对 MVP 的看法。你不再需要猜测，因为你可以通过收集来自世界各地的反馈即刻得到答案。

　　一个我深受"先交付不完整，然后学习"的方法影响的例子，是我准备会议演讲时的做法。我记得我曾经花很多时间精心地准备 TED 演讲用的幻灯片。后来，我反其道而行之，如今我都是毫无准备地上场。我的新方法不是精心设计约 50 张幻灯片，而是把我的电话号码放在屏幕上，让人们把他们想问的问题发给我。[1] 通过这个方法，我能克服自认为知道观众想要什么的偏见。取而代之的是，我能准确地给出他们想要的，而不仅仅是尽我所能地去猜。如果没有沉浸在硅谷文化中，我不相信自己会以这种方式演讲。因此，除了把日本著名的美学散文《阴翳礼赞》[2] 作为一种审美追求放在心尖，我还把由我虚构的《不完整礼赞》也放进了我的思想宫殿。

　　交付未完成和不完整产品的美妙之处，在于交付之后你可以随时改进它们。没有必要立刻完成它们——甚至永远都不需要。看看互联网，它完成了吗？完全没有。它每天都随着新技术和改

1　John Maeda, "Why I Use SMS to Integrate Q&A into My Talks Instead of After the Talk," *John Maeda's Blog* (blog), March 21, 2018, maeda.pm/2018/03/21/why-i-use-sms-to-integrate-qa-into-my-talks-instead-of-after-the-talk.

2　Maria Popova, "In Praise of Shadows: Ancient Japanese Aesthetics and Why Every Technology Is a Technology of Thought," *Brain Pickings,* May 25, 2015, brainpickings.org/2015/05/28/in-praise-of-shadows-tanizaki/.

进的出现而不断发展。想想 20 世纪 80 和 90 年代，数字设计经历了从印刷到互联网的转变，一种新的平面设计工作出现了：网站设计师。不同于设计一张海报或一本书直到得到一件完整的作品为止，一个网站在被设计后交付——但它并没有完成。我们总是需要修改或扩展这个网站，因为摩尔定律正在发生。因此，它从根本上改变了你可以完美交付视觉设计这一理念——就好比印有最终设计的纸张从被印刷出版的那一刻就开始腐烂。

　　自然，设计圣殿也因此抨击了网站设计——因为它阻碍了他们实现完美的高标准。所以，如今没有很多网站被博物馆收藏的简单解释，就是技术在不断变化，许多艺术和设计专家都在等它……停下来。传统主义者都希望这种名叫计算的东西很快就会被下一种东西取代，因为任何趋势终有一天会结束。他们有这样的想法和期望是很正常的——他们不懂如何与机器沟通，所以这不完全是他们的错。不过在世界各地的设计圣殿里，仍有一些思想前卫的机器沟通者。例如，策展人保拉·安东内利（Paola Antonelli）敢于把电子游戏纳入现代艺术博物馆的永久藏品[1]，纽约新博物馆（New Museum）的艺术团体 Rhizome 提供了一个名为 Webrecorder 的开放数字存档解决方案。[2]毫无疑问，我们正在

---

1 Esther Zuckerman, "Video Games: Art-Tested, MoMA-Approved," *The Atlantic*, November 29, 2012, theatlantic.com/entertainment/archive/2012/11/video-games-art-tested-moma-approved/321022.

2 Dragan Espenschied, "Rhizome Releases First Public Version of Webrecorder," *Rhizome* (blog), August 9, 2016, rhizome.org/editorial/2016/aug/09/rhizome-releases-first-public-version-of-webrecorder.

取得进展，未来还会有更多进展。

目前，新一代产品设计师正在学着适应这样一个事实：他们的作品可能不会被载入史册，也不会被陈列在博物馆精品收藏的漂亮椅子旁边。这是因为计算产品设计师有幸拥有一个独特的机会，可以通过结合他们对客户需求的实时理解和最新的技术进步，让不完整和不完美的东西变得更加完美。他们是那些在听到人们怀疑联网汽车仪表盘上的速度计在恶劣天气下的易读性后，第二天就迫不及待地推送修改的人。过去，人们希望你知道正确的答案，称其为"已完成"，然后就不管了。如今，你更愿意接受更完美的理解，而不是更完美的产品。你知道，由于你对配方进行调整和改进的意愿，更完美的理解将使真正永恒的设计成为可能。你宁愿跑一场马拉松，而不是短跑。

4 // 一个不完整的想法只有经过迭代才能成为好想法

我在前文提到设计圣殿的金色屋顶之下有三种风格：（1）过时风格；（2）流行风格；（3）创造风格。每种风格都有其内在价值和存在的理由。每种风格实践的深度都很容易被忽视和低估，所以在我们进一步讨论迭代的重要性之前，请允许我"双击"每种风格。

当一个想法"流行"时，它的生命周期可以通过变化延长。

你会发现一款非常棒的产品一开始只有几种颜色可选，后来就推出了几类颜色。一段时间后，它在颜色、材料和饰面上甚至出现了更多的变化。然后，它在某个时刻走到尽头，步入"过时"的世界。一个创意能"流行"多久取决于它的内在力量，但营销人员尤其擅长的一种技巧可以让其持续"流行"。

当一个想法"过时"时，它并不会有一个体面的葬礼。它只是消失了，沦为大多数人在生活中某个时刻都会经历的无关紧要一类。它曾是那个时代的好主意，但属于它的时代已经过去了。总有一些顽固的人希望留住那个时刻，表现得仿佛世界没有改变——但总的来说，如果他们不能跟上下一个趋势，他们也会开始落后。有些人乐于选择"过时风格"，他们的不自知让他们更受喜爱而不是遭到排斥。这种情况体现在与众不同的时尚偶像身上，比如艾瑞斯·阿普费尔（Iris Apfel），她说："当你穿得和别人不一样时，你就不必和别人一样思考。"[1] 正是这些人创造了不可能的事物：不受风格规则约束的"经典"概念。有时，即使是更古老的想法也可以通过"复古"来"创造风格"。

大多数有抱负的想法都属于"创造风格"的范畴。这些想法可能像初生婴儿那样可爱地冲每个人咯咯笑，也可能来自不会死去或消失的古董收藏。尽管知道这种前卫的想法可能永远不会进

---

1 Catherine Clifford, "Iris Apfel: 10 life lessons from a 96-year-old who is probably cooler than you," CNBC, March 29, 2018, cnbc.com/2018/03/29/10-life-lessons-from-96-year-old-iris-apfel.html.

入"流行风格"的范畴，而是径直走向"过时风格"，但所谓的早期采用者并不害怕去欢迎它并将其纳入自己的世界。当你与艺术家共度时光时，你会发现当他们的想法处于令人不舒服的"创造风格"范畴时，他们惊人地自在，并且他们完全明白自己的想法可能永远不会成为主流。以商业为导向的设计师希望看到具有大众市场潜力的创意变得流行，而有足够的经济能力创作永远不必售出的艺术品的以艺术为导向的设计师则不然。

现在，我们可以发布不完整、未完成的产品了，对那些陶醉于"创造风格"的人来说，这是一个特别激动人心的时刻。对吧？硅谷如今是一个特别繁荣的地方，这是有原因的：因为激进的想法有机会冲进平流层——不仅是为了创造风格，还是为了创造历史。在初创科技公司的历史上，没有比你正在阅读本书的这一刻更好的创业时机了。需要计算能力？按时借用别人的云。需要人手？让云为你找到他们。需要代码？有大量现成服务可以让系统启动并运行。需要钱？超过 1,000 亿美元的风险投资资金已经投入使用[1]，还会有更多资金投入使用，但需要注意的是，投资者期望的是天外来客般的指数级增长，而这种增长往往以可持续增长为代价。尽管如此，考虑到如今所有可用的资源，当下是成立初创公司的最佳时机。

初创公司的目标是什么？就是成为"终创"公司——最终获

1　John Maeda, "Start-ups vs End-ups (2013)," *John Maeda's Blog* (blog), June 19, 2016, maeda.pm/2016/06/19/start-ups-vs-end-ups-2013.

得成功的创业公司。多亏了摩尔定律，起步的部分容易多了，但得到更大规模的关注并最终像下一个谷歌那般成功并没有那么容易。我一直无法完全理解一名企业家要把一个"创造风格"赌注转化为一个成功的"流行风格"最终需要付出什么，直到我在硅谷的科技圣殿里度过了一段时光。这是一个无与伦比的生态系统，它的发明、规模和可能性都与速度较慢、笨拙的计算机研究世界大不相同，能够亲眼见证并参与其中是一种乐趣。

初创公司	终创公司
想要有所成就	已经有所成就
敏捷	稳定
文化正在形成	文化已经形成
几乎不拥有什么	拥有很多东西
几乎没有什么可失去	有很多东西可以失去
第一次尝试	尝试了一切，知道什么是有效的
未经证实	久经考验
做需要做的事情	有清晰的职位和责任分配
具有赋权的扁平结构	具有规则的等级结构
可能来来去去	经受了时间的考验
全员参与制	等级制

终创科技公司往往背负着所谓的"技术债务"，这与软件的搭建方式有关。如果软件很快就被搭建起来并且没有着眼于未来，那么当新的软件开始依赖无法长期使用的旧软件层时，债务就会

显现出来。这种情况在现实世界中经常发生——例如建造一座"初创"桥梁以便经济、快速地渡河。用不了多久，这座桥就会成为在河上运输货物的关键基础设施。许多企业都依赖这座桥进入对岸的人才市场，所以很多人每天都要经过这座桥通勤。在某个时间，物流企业希望使用更重的卡车运输设备，但这座桥的设计并不能承载这些设备的重量。另外，在高峰时间桥上经常挤满了上下班的人们。撇开现有的局限不谈，我们可以确定地说这座桥"终结"了一个成功的创业项目。

由于升级这座桥以增加承重力或增加几条新车道以缓解交通拥堵的破坏程度和成本太高，这个问题只能由其用户和运营者自行解决。如果这座桥的建造者花时间为其设计更大的承重力，或者在人流量增加的情况下能轻松增加额外的车道，这座桥背负的技术债务本来是可以解决的。与此同时，在河的下游，有两家初创公司分别获得了资金来应用更新的桥梁建造技术，并且他们对现有桥梁的缺陷了如指掌。这可能会让你对"终创"桥的所有者感到有点遗憾，因为他们最终会被初创者打败。但在计算世界中，限制条件是不同的。尽管在现实世界中通常不可能解决技术债务，但在虚拟世界中确实有可能做到。这是为什么呢？因为产品的材料本质上是不完整的——它总是会发生变化。当然，这并不意味着解决技术债务很容易。

对终创公司来说，解决技术债务的主要限制是那些创造了现有运行系统的人——或者用我的桥梁比喻，就是那些在修改一座运行良好的桥梁时犹豫不决的建造者。尽管软件总是具有可塑性和迭代性，但是否有人愿意按照摩尔定律的步伐前进是另一回事。我曾经加入（或配合）很多终创公司工作，目睹了技术债务是如何被那些勇敢、勤奋的人解决的，他们能够维持现有系统的性能，稍微增强它，或者减缓它的退化速度。但是，要引导这些人去拆除并替换一个已经以光速运行的现有计算系统，同时冒着损害与其相连的其他所有系统的健康的风险，只可能（也应该）得到他们的冷眼相看。因为正如软件开发者杰西卡·克尔（Jessica Kerr）所说：

> 你的软件越有用，依赖它的系统就越多，改起来就越可怕。你可不只是在拿你自己的地盘冒险。你需要渐进式交付和谨慎的数据迁移。要有向下兼容性：比平常多两倍的测试，以及处理代码中的特殊情况。你需要设计整个改变过程。[1]

另一方面，一开始没有技术债务的初创公司几个月后也会开始积累债务。但是，从整体上看，它的快速发展对从河上游观察的终创公司来说看起来不太自然。在初创公司，有一种"是的，我们可以！"的感觉，而非"不，不要这么做！"。因为他们几乎没有什么可以失去，也没有任何已站稳脚跟的"正确方式"。没有什

---

1 "Inertia in the interface," June 27, 2019, Jessica Kerr, blog.jessitron.com/2019/06/27/inertia-in-the-interface/.

么可以被改进，所以公司可以完全自由地一直"创造风格"，直到一个潜在的"流行"想法（或者创业公司的术语"产品与市场契合"）出现在团队的雷达上。当将其呈现为纯软件形式时，以摩尔式速度和规模进行持续、稳定的改进的机会可以让公司像硅谷宠儿优步（Uber）、缤趣（Pinterest）、爱彼迎等公司那样获得巨大收益。

对产品的改进可以采取数学上的复利效应，就像沃伦·巴菲特法则中的金钱。如果我们一年 365 天每天都不改进产品，那么结果就是：

```
1 ^ 365 = 1
```

产品完全保持不变。但如果我们每天提高 1%，结果就是：

```
1.01 ^ 365 = 37.8
```

因此，持续的改进会成倍增加，在一年内效果会增强大约 37 倍。因此，在不完整产品发布后不断迭代的收益是非常可观的。

让我们考虑另一种情况，让产品每天变差 1%：

```
0.99 ^ 365 = 0.03
```

从第一年第一天开始递减，一年后只剩总值的 3%，这是价值损失的极端案例，说明了不完整产品的技术债务得不到解决时会发生什么。一个平庸的想法如果不加以努力，会随着时间的推移贬值，带来可能将最初的赌注化为乌有的叠加损失。[1]

关于什么是"100% 准备好"的想法是有争议的，因为这将取决于实践这一想法的团队组成。理想情况下，这是一个能够跨越"创造风格"和"流行风格"之间的鸿沟的想法——选择正确的原始想法，然后投资于改进和提炼这个不完整的想法，不断完善它。这就是布兰登·朱（Brandon Chu）所说的"交付的时间价值"[2]，它把两种类型的项目区分开来：

项目 A：搭建更大 / 更好的功能→发布更慢。

项目 B：搭建小功能→发布更快。

如果你在 1 个月内交付项目 B，那么客户就可以在当年余下的 11 个月里享用不断升级的产品。但是，如果你用了 11 个月才交付项目 A，客户只在当年剩下的 1 个月里使用它，那么项目 A 的影响力甚至不一定能达到项目 B 的两倍。我个人有试图用项目 A 启动自己的初创科技公司的经历，我花了大量的钱，最后才

1 Dana Olsen, "The State of US Venture Capital in 15 Charts," *PitchBook*, October 29, 2018, pitchbook.com/news/articles/the-state-of-us-venture-capital-activity-in-15-charts.

2 Brandon Chu, "Product Management Mental Models for Everyone," *The Black Box of Product Management*, August 19, 2018, blackboxofpm.com/product-management-mental-models-for-everyone-31e7828cb50b.

意识到自己应该选择项目 B。因此，我强烈建议你认真考虑不完整性的更高价值，以及在不断迭代的同时无情地对已发布的不完整产品感到不满的重要性。请记住，对快速迭代的需求不应该成为避免在此过程中重新评估策略的借口。正如我的朋友亚历克西斯·劳埃德（Alexis Lloyd）常常提到的："速度和深思需要共存，才能创造好东西——而不仅仅是很快做出来的东西。"[1]

最后，在开发软件产品时有一个常见但不吉利的短语："发布后离开。"这与另一个更受欢迎的说法有些许相似："一劳永逸。"[2]军方用它来形容一种在发射后能够自行击中目标的导弹——如果这种情况一直发生就好了，但事实并非如此。"发布后离开"意味着推出一个不完整的想法，从不对其做任何改进，接受复利债务 0.99^{365} 的负面影响。因此，当你转向不完整产品的世界时，请注意，不要忽视在实现你的想法后适当地持续改进这件事。把它想象成一个还没有学会走路的婴儿，你需要照顾它，让它健康地成长。事实上，它站在"一劳永逸"导弹的对立面——如果你发射后就不管它了，它可能会以某种方式变质，让你的计算产品在不知不觉中"过时"。

---

1 John Maeda, "Speed x Thoughtfulness," *How to Speak Machine* (blog), June 2, 2019, howtospeakmachine.com/2019/06/02/speed-x-thoughtfulness.

2 "Fire and Forget," Wordnik, wordnik.com/words/fire%20and%20forget.

5 // 情绪价值是一种刚需，而非锦上添花

　　制作计算产品的专业人士就在你们当中，但他们的衣服上没有明显的污渍，他们的指尖也没有你能在建造铁路、飞机或任何类似的大型机器的人们身上找到的老茧或其他任何物理证据。软件人士悄无声息、无影无踪地将数以百万计的数字移动到合适的地方，以搭建能够高速、大规模地移动、处理、转换信息的软件机器。尽管将这些计算机器召唤到现实中可能会让人兴奋不已，但正如我指出的，他们就像职业游戏玩家或无人机操作员那样与现实脱节，双眼所见与周围的环境截然不同。虽然与机器沟通不会让你变成机器，但随着时间的推移，它会自然地影响你的心理，因为你会觉得你身边不懂得与机器沟通的人们似乎对真正发生的事情一无所知。

　　当我们通过云将一个可以随着时间的推移得到改进的创意的核心内容推送给用户时，重要的是记住在实现这一切的过程中谁拥有最大的控制权。是谁呢？你猜对了。正是软件开发者。记住，他们的感受很重要——当你深入他们的世界时，你也会开始感同身受。开发者生活在无限循环的世界里，生活在细节超精确的超大系统里，生活在机器每天都越来越逼真的世界里。许多开发者了解商业和设计原则，他们可能把这些原则应用到自己创建的系统中。这使他们能够确保机器有"流行"的时刻并在创意市场上取得成功——想想 Adobe Photoshop 或 Gmail。但是，工程师的

基本培训——我可以亲自做证——通常不包括商业或设计培训，因此，今天的大多数科技公司都存在明显的鸿沟。

云计算正在改变商业的本质，这个事实加剧了这一鸿沟。在一个产品不再完整并且定期部署渐进式改进的世界里，其与消费者的关系从一次性购买（拥有）产品转变为一段时间内付费使用（租用）产品。以前，我们可能会为一张光盘上刻录的"已完成"软件支付数千美元，但现在我们每月只需要为定期访问云服务支付几美元。这种向周期收入模式（或者说订阅服务）的转变有很多优势，包括可扩展性、可预测性和客户的高参与度。你永远无法一次就完成最终的销售——你依靠收取订阅费用定期获得收入。为了解释这种差异，你可以将其理解为约会和结婚之间的区别：约会时你总是想要展现最好的一面，但结婚后你可能把另一半视为理所当然，变得懒惰。当你总是在"约会"客户时，不断取悦他们是至关重要的，尤其是当他们的订阅期快结束并且该续订的时候。

就在十年前，取悦有技术头脑的客户只需要确保所有机器都能按预期工作。当有技术头脑的人将系统交付给有技术头脑的人时，他们之间的交换就像把汽车从 A 点运到 B 点的桥梁那样。这座桥不需要太漂亮，因为我们只需要它能用。无论业务关系是否经常发生，通行费就是通行费，为任何必要的服务付费都是合情合理的。但在新世界里，有如此多的桥可供选择，还有先进的计算系统可供每个人使用，情况已不同于以往。除此之外，现在的普通消费者也不再是过去那种典型的书呆子了，取而代之的可能是年过七旬的时髦父母、从未用过电子表格的大牌电视真人秀明星、和运动员而不是数学天才一起吃午饭的青少年。单纯的能用已经不够了，相反，由于大众市场设备和服务已经更新了标准，丰富的体验成了基本操作——想想苹果和 Instagram。

MVP[1]的设计方法是用最小或"精益"[2]的方式给消费者他们想要的东西，而不一定将其完全实现。考虑到云的工作方式及其前所未有的测试不完整想法的能力，MVP 已经成为将想法推向世界的主导方法。尽管"可行"的定义在旁观者看来是有争议的——因为实际搭建软件系统的人通常有工程背景，其中"可行"表示可靠且缺陷尽可能少。[3] 毕竟，一座桥如果会随机把汽车踢下桥或者突然倒塌，又有什么用呢？如果一座桥不能承受多辆车的重量，用美丽的花纹来装饰它又有什么用呢？因为如果技术不起作用，那么我们制作的最小产品哪怕在最基本的层面上都会失败。快速制作安全、稳健并且在工程上可行的软件系统不是一项可以掉以轻心的任务。因此，"最小可行"往往意味着在产品的功能方面优先考虑所有可用资源。

请允许我在此稍做停留，因为这点很重要。工程师能够"看见"无形的计算世界，他们处理的事情的复杂程度是其他任何人

---

1 "MVP: Minimum Viable Product," SyncDev, syncdev.com/minimum-viable-product/.

2 Taiichi Ohno, *Toyota Production System: Beyond Large-Scale Production* (Boca Raton, FL: CRC Press, 1988).

3 John Maeda, "Minimum Desirable Product," *John Maeda's Blog* (blog), April 21, 2019, maeda.pm/2019/04/21/minimum-desirable-product.

都看不见的。他们同时还要应对随着不断推进积累起来的多层技术债务，这不仅很容易涉及正在建造的桥梁，还会涉及其他所有彼此相连的桥梁。只有他们疲于打字的手指能力挽这个世界中无处不在的混乱和复杂汇成的狂澜。然而，他们的英勇努力并未得到回报——这个世界中无火生烟、无土纳垢，辛勤劳动也不会流下汗水。因此，当一个商业观点进入战场，或者当一个设计观点从外围进入视野时，对网络世界里的勇士们怀有同理心是很重要的。在他们思维的无形空间里，他们正在管理数不胜数的微小细节和巨大规模。理解他们始于你对计算世界的新认识，这对你来说有百利无一害。学一点与机器沟通的方式也无妨。当被问到你有多擅长时，你可以腼腆地回答："我只会'一比特'。"

　　技术迷可能接受粗糙、纯功能性的体验，因为他们对不适的容忍度本来就很高。但是普通大众对应用的期望越来越高，因此重新定义"可行"就变得很重要了，他们需要一定程度的舒适和一点甜头。测试飞机上的专业试飞员不需要舒适的座位，但民用飞机上的乘客会有枕头和苏打水——最好是一整罐。为了在一个充斥着缺乏物质舒适的 MVP 的计算产品世界中更清楚地说明这一点，我喜欢使用术语 MVLP，其中 L 代表"可爱的"（Lovable）。[1] 为什么？因为我们很容易忘记我们不仅是在为把可靠性和高效率放在首位的技术人员创造可行的体验。我喜欢放入 L 来提醒自己，

---

1 John Maeda, "Minimum Viable Lovable Product (MVLP)," Design.co, December 27, 2018, design.co/2018/12/27/minimum-viable-lovable-product-mvlp.

无论我们认为自己是在跟客户约会还是结婚，我们都需要玩调情游戏来巩固彼此之间的关系，以维持与客户的业务往来。

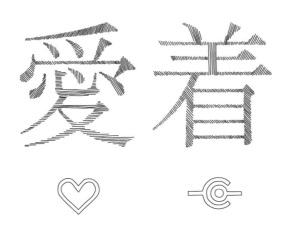

　　设计的艺术和科学从根本上与日本哲学中的"爱着"密切相关，其字面意思是"爱的契合"。这个设计词语描述的是你与环境中某些东西之间的特殊联系，这些东西是如此完美地契合你的生活，以至你立刻就能与它们结缘。能够把可爱、令人向往的体验尽可能地确定为制造强大、可扩展的计算机器的目标，不再只是"锦上添花"，而是"必不可少"的。我花了大半辈子的时间，在科技圣殿和设计圣殿之间牵线搭桥。任何在社会中扮演桥梁角色的人都知道我们需要走上一座桥并对其进行测试后才能放心地过桥。哎哟！很多时候，我都不知道自己到底属于哪座圣殿，经常因为自己做过的事在同年被这座或那座圣殿踢出去。但正是这两个世界之间令人尴尬的平衡帮助我理解和重视了双方的观点。

一些科技公司已经从那些理解软件工程师心理的人的实践愿景中获益，他们设法将创造力转化为任何人不需要设计圣殿的帮助就能喜爱的体验。因此，从史蒂夫·乔布斯（Steve Jobs）成功的设计案例出发，我想谈谈前雅虎CEO玛丽莎·梅耶尔（Marissa Mayer）早期的工作经历[1]，当时她在谷歌担任搜索产品和用户体验副总裁。梅耶尔采取了与主流网络视觉设计背道而驰的方法，她把全部精力集中在信息从谷歌云传输到你的机器上所需的速度这一点上。2006 年，她断言用户"确实关注速度"，并指出将一次谷歌搜索从 100 千字节减少到 70 千字节所带来的流量的实质性增长。[2]与之形成鲜明对比的是当时人们倾向于通过许多大幅照片和其他花哨功能来提供"精心设计"的体验。我把梅耶尔策略的成功归因于谷歌对卓越设计的新定位，它正在迅速接近苹果，尽管大多数歌功文章在很大程度上误解或忽视了梅耶尔的开创性贡献。[3]

梅耶尔采用工程师能够理解和衡量的东西，然后利用谷歌的内部专业知识，不留情面地追求可以快速发布的体验。这与麦当

1　O'Reilly, "Velocity 09: Marissa Mayer, In Search of ... a Better, Faster, Stronger Web," YouTube, youtube.com/watch?v=WFsQvcdmLxc.

2　Dan Farber, "Google's Marissa Mayer: Speed Wins," ZDNet, November 9, 2006, zdnet. com/article/googles-marissa-mayer-speed-wins.

3　Joshua Topolsky, "Google Is Really Good at Design," The Outline, October 12, 2017, theoutline.com/post/2388/google-is-really-good-at-design?zd=1&zi=nzxsnl3x; Cliff Kuang, "How Google Finally Got Design," Fast Company, June 1, 2015, fastcompany. com/3046512/how-google-finally-got-design.

劳兄弟取得的成就并无不同，当时他们想出了用 Speedee 服务系统 [1] 以惊人速度送出美味汉堡的方法。[2] 他们设法解决了存在于设计良好的体验的基础中的一个基本经验限制，也就是我在《简单法则》中强调的第三条法则：

节省时间有简单的感觉。[3]

谷歌通过正确选择工程角度来传达体验的能力让我感到震惊，这是他们产品的真正基础。尽管这种早期方法常常与"少即是多"的极简主义设计方法，或者仅仅与书呆子的偏见混为一谈，但它的意义远不止于此。我们需要从一开始就在工程级别认真对待认识 MVLP 中的 L，因为一切都依赖计算。因此，谷歌将速度作为一种设计属性，是罕见的工程师和非技术人员都喜欢的交叉点，这是因为当一个网页快速加载时，它看起来品质卓越。一旦谷歌掌握了攻破速度局限的技术挑战，它就巧妙地扩展了 L 方法，将非工程属性包含在内，例如我们常在谷歌主页上看到的大幅压缩的精美图像。

只有让商业人士和设计师尽早地参与任何规模的数字产品的

1 "The McDonald's Story," McDonald's, corporate.mcdonalds.com/corpmcd/about-us/history.html.

2 David Brancaccio, "The True Origin Story Behind McDonald's," Marketplace, February 9, 2017, marketplace.org/2017/02/09/business/ray-kroc-mcdonalds-fast-food.

3 John Maeda, "Law 3/TIME," *The Laws of Simplicity*, lawsofsimplicity.com/los/law-3-time.html.

规划和构建，才能让非技术人员爱上 MVP。给一台已经完成的计算机套商业模式已不再是制胜策略；同样地，在产品完成后在其表面涂满设计注定会失败。我们必须采取综合的方法：重视开发者爱用的造物方法（保证桥梁不会倒塌）并服务于消费者，他们可以为获得满意的"爱的契合"风格的体验支付合理的价格。运气好的话，两者的团队合作恰好能赶上"流行"时刻，此时需求的上升趋势更有可能让商业圣殿熟知的最佳"爱的契合"（产品与市场的契合）取得成功。你可以通过邀请客户试用样品，将他们纳入你的研发团队来实现产品与市场的契合，在敏捷方法的加持下，你的运气会越来越好。

团队合作中对于这一基础差异的一个常见类比，是把一个以工程为导向的 MVP 看作一个样品蛋糕，而把一个 MVLP 看作一个纸杯蛋糕——或者一个所有设计细节都按比例缩小的大蛋糕的迷你版本。[1] 纸杯蛋糕比全尺寸蛋糕更容易制作，而且能更忠实地传达蛋糕体验，因为交付它时需要呈现最终版本。但 MVLP 很少见，因为人们仍然普遍记得那个配送纸杯蛋糕的成本高得令人难以置信的年代，因为那时设计蛋糕本身就很有挑战性，而且很少有公司能够可靠地交付坚实、朴素的蛋糕。一个一口咬下去不会碎成渣的蛋糕就是"哇！"的定义，你会爱上它的表面价值，因

1　Brandon Schauer, "Cupcakes: The Secret to Product Planning," Adaptive Path, February 10, 2011, web.archive.org/web/20150922090415/adaptivepath.org/ideas/cupcakes-the-secret-to-product-planning.

为这是一项技术奇迹。如今，如果你立志获得大众市场的青睐并意识到竞争对手可以做出和你一样好的原味蛋糕，那么你的风险就更高了，所以你需要追求更多的口味，而不仅是技术过关。在组建产品开发团队的时候，你需要有意识地努力让团队拥有除技术能力之外更多样的能力，融入多样化的生活经验将使团队走得更远。如果所有团队成员都能够与机器沟通——哪怕只是一点点，并对开发者通过指尖所穿越到的计算世界里那些无形又隐晦的挑战感同身受，这便是一个好的开始。接下来，也许团队成员之间的爱和相伴而生的友情，会塑造一个能让不完整在计算时代中更有人情味的成功团队。

第五章

机器可以被测量

1 // 遥测让你拥有某种心灵感应的
能力

2 // 更好地了解是为了更好地服务

3 // 数据科学在全局层面控制逻辑
解释

4 // 将一个想法付诸实践比祈祷它
是正确的更可靠

5 // 自动化势不可当，但无人对此
负责

1 // 遥测让你拥有某种心灵感应的能力

我的桌上放着一串铁铃铛，这是我们家的豆腐店歇业时母亲送给我的。只需一枚弯曲的钉子就能把这些铃铛固定在门框顶部，这样当前门被打开时，你就能知道客人来了。日式门帘把前台和加工区隔开，因此你无法直接看见客人到来。尽管父母的豆腐店很小，但是工业机器研磨大豆的巨大噪声让我们几乎听不见其他声音。小铃铛尖锐的叮当声让我们拥有某种低科技水平的感知能力，让我们知道有人在前台。我桌上的这串铃铛有特殊的意义，因为即使在机械时代，它们也象征着遥测的力量。

"遥测"（telemetry）这个词诞生于 19 世纪的法国，当时电信技术才刚出现。它描述了使用一种电子仪器将阿尔卑斯山最高峰勃朗峰的积雪深度传输到巴黎的过程。[1] 让遥测变得特别有价值的

---

1 Wilfrid J. Mayo-Wells, "The Origins of Space Telemetry," *Technology and Culture* 4, no. 4 (December 1963): 499, research gate.net/publication/269657057_The_Origins_of_Space_Telemetry.

一个关键因素是用传感器代替了人，不再需要人亲自去另一端收集数据。传感器将自动读取数据，通过电路将其单向传输到一定范围内的基地。试着想象对 19 世纪末巴黎的科学家来说，拥有了解 400 英里外某个位置的积雪深度的能力是什么感觉。遥测技术给法国科学家带来的惊奇感，想必和刚出现的互联网带给我们的感觉一样。

与勃朗峰上的传感器只能单向传输信息不同，互联网实现了高速双向通信——这是一个重要的区别。两个相距甚远的点之间的双向通信会不时出现错误，因为系统中总是存在某种缺陷：有问题的电线、发生故障的传感器，甚至会出错的操作员。当计算机在彼此之间快速通信时，它们需要询问："你有收到消息吗？"不时地，另一台计算机会说："没有收到。你能再发一遍吗？"如你所知，计算机是高速运行的，重复行为对它们来说完全不是问题，它们可以这样来回通信，直到得到正确的反馈，因为它们在不断互相确认。

隐含在确认信号，或者说"握手"（handshake）这一概念中的，是设备明确地需要彼此交流。这是它们以 100% 的可靠性进行协调且不丢失任何数据的方式。这也意味着每台设备都可以监听和了解另一台设备在做什么，这样的能力是可靠通信的保障。

因此，当你的计算设备连上网线或 Wi-Fi 后，它就开始从不同于按键和点击输入的输入源获取信息。一旦建立连接，你正在运行的软件——如果它具备测量能力 [1]——就可以将它想共享的信息发送给制造商。这是一种重要的能力，和飞机紧急迫降时飞行记录仪的重要性一样。例如，当你运行的某个应用程序崩溃时，软件开发者可以访问那些有价值的信息，以了解在程序崩溃前发生了什么。通过这种方式，他可以试着去修复软件，以免出现相同的问题。但这意味着你要告诉他问题出现之前你在用它做什么。

当你的计算机崩溃时，软件公司可以了解你可能不想分享的事情，这听起来可能让人有点担忧。然而，事实是一旦启用网络连接，你在计算机上做的任何事情都可能被分享给世界上任何人。尤其是当你通过网络浏览器运行一个主要基于云的系统时——在这种情况下，你在一个会话中所做的一切都可以 100% 地被传输到远程服务器上。一旦一款产品被传送到云端并且你开始在你的机器上使用它，软件公司就可以观察你是如何使用它的，以便为还不完整的设计提供改进信息。你在线上使用的大多数应用程序或服务（无论是播放音乐还是编辑共享文件）都以这种方式运行，并且在观察你在做什么。这种能力让软件公司拥有某种程度的心灵感应能力，可以了解客户如何使用它们的产品。一旦意识到这种事情正在发生，你自然会问自己：我怎样才能关掉它？

可是，如果没有这种潜在的双向连接，我们就不可能享受到传统互联网的好处——你没有办法关掉它。这就是软件系统网络

---

1 "Good Design Is Good Business," McKinsey & Company, October 2015, mckinsey.com/business-functions/organization/our-insights/good-design-is-good-business.

的本质：它们都与你的计算机之外的某个系统有明确的连接。你的每一个行为都可以通过仪器和遥测传回云端的大本营。因此，与其像弹窗调查那样明确地要求你就某事回答一个问题，不如简单地监控你的行为，推断你可能要做什么。如果你在某张图片上停留的时间比其他图片长，那么这可能意味着你对它感兴趣。或者如果你输入了一些东西，然后转过身去，留下不完整的字段，那么这可能表明你犹豫了。所以，即使你没有明确地传达任何内容，你的一系列行为也可以被整合成一个推理，就像侦探试图在犯罪现场拼凑线索的过程。

如你所想或者在新闻中所读的那样，根据用户的在线行为和数据来获取他们的想法和行为可能具有侵略性。令人惊讶的是，在2018 年欧盟发布《通用数据保护条例》（General Data Protection Regulation，简称 GDPR）之前，科技公司收集、处理和与第三方分享数据几乎没有遇到障碍——用户对这一切都毫不知情。[1] 在撰写本书时，美国还没有类似的消费者层面的立法，因此对公司如何处理你的信息的限制较少。一般来说，当我们同意那些告知我们服务条款已变更的冗长法律条文时，我们通常放弃了有关自己访问或创造的信息的所有权的权利。当你想到这不仅是软件公司的一两名开发人员手动分析你的每一个行为，而是从不休息或休

---

[1] Sarah Gordon and Aliya Ram, "Information Wars: How Europe Became the World's Data Police," *Financial Times*, May 20, 2018, ft.com/content/1aa9b0fa-5786-11e8-bdb7-f6677d2e1ce8.

假的计算系统试图以极微小的细节和极精确的程度深入了解你的
一切时，这就更令你担忧了。

因此，如果心灵感应是一种超能力，也许我们需要看看蜘蛛
侠的创作者，已故的斯坦·李（Stan Lee）定义的超级英雄准则：
"能力越大，责任越大。"这种责任正在成为科技公司关注的重点，
也许它也是你还在读本书的原因。用计算机创造产品的方法强大
且危险——任何人都不应该对此感到惊讶，因为力量和危险是并
存的。但是后一个问题经常被忽视，因为今天的技术领袖们常常
被贴上"傲慢"的标签。然而，与其说是傲慢，我认为它更像一
种受保护的特权，来自太多的"非现实生活"（NIRL）时间和不
够多的"现实生活"（IRL）时间。我自己就生活在强大的计算系
统组成的 NIRL 宇宙中，这些系统操纵着数十亿的数字，我知道
它会对一个人的自我产生影响。当谈论伦理问题时，将年轻人的
勇气、随之而来的天真与计算的力量结合，你将得到意想不到的
结果。因此，随着你与机器之间的沟通越来越流畅，随着你学会
接受心灵感应的天赋，请注意不断扩大自身的影响范围，始终关
注你的决定对现实世界的影响。天知道我有多少次通过远离客户
的问题和跟自己想法相似的人在一起来让自己感到舒适。加上计
算机心灵感应令人陶醉的力量让你相信自己可以了解任何人的一
切，有意识地采取更高的道德标准的需要就成了能与机器沟通的
每一个人的责任。

2 // 更好地了解是为了更好地服务

大学毕业后我在日本生活了几年，当时我总是对火车如何按时间表准时到达和离开感到困惑。当地和跨地区的火车线路都是如此，因此我逐渐认识到这不仅仅发生在东京。相比之下，在西雅图长大的我学会了永远不要相信公共交通的时间表，并且发现在其他地方也该如此——除了日本。我的日本同事的回答一贯是："因为日本人作为顾客是不会容忍这种做法的。"当时，这种回答让我觉得有点高高在上。我想知道他们是否在说，作为一个美国人，我的期望值较低。撇开不安全感，我理解他们关心客人的态度，因为这是父母的豆腐店灌输给我的。这种关心客人的想法体现在了父亲经常使用的一个词中：Omotenashi（oh-moh-tay-nah-shee）。[1]

Omotenashi 可大致翻译为"好客"，但它含义远不止于让人有宾至如归的感觉。这与如何迎接和送走人们，如何为他们服务，如何预测他们的需求并超越他们的期待有关。在豆腐店，这意味着严格地用双手将袋子递给顾客，在离开时为顾客开门。对父亲来说，这也意味着如果知道顾客要远行，就悄悄地挑选硬度合适的豆腐——这样豆腐就不会碎掉。虽然父亲从不承认，但这也包括顾客和我来自夏威夷、容光焕发的母亲之间的友好玩笑，她的

---

1 "Omotenashi: The Reason Why Japanese Hospitality Is Different," *Michelin Guide*, April 4, 2017, guide.michelin.com/sg/features/omotenashi/news.

笑声温暖而迷人——我相信这往往是最可能让他们回来的原因。佑美总是让顾客带着笑容离开。

最根本的"好客"是指不用问就能知道顾客想要什么，这样就能预测他们的需求。一个著名的故事最能说明这一点。[1]《三杯茶》讲述了 16 世纪一位重要的贵族战士打猎归来的故事。任何人都看得出他渴得要命。首先端给他的是一满杯温热的茶，装在一只大杯子里，他很快就喝完了。他还想再喝一杯，于是侍者给他端来了比上一杯更热的茶，但是茶量减半。这一次，他放松多了，花了更多时间品尝茶。当他喝完并要求再来一杯时，侍者用一只有着精美图案的小杯子给他端上了滚烫的茶。由于前两杯已经解渴，这位战士不仅可以充分享受最后一杯热茶，还可以欣赏这只漂亮的茶杯。茶侍石田三成（Mitsunari Ishida）[2] 因此被奖励加入武士的氏族，后来成为那个时代最伟大的武士指挥官之一。

石田对细节的关注的故事是一个比喻。意思是不要只是一味地提供茶，而要根据人们的需要考虑他们可能想要的饮茶体验。换句话说，如果石田事先不知道这位战士非常口渴，他可能就会先用漂亮的杯子端上滚烫的热茶，这会烫伤战士的舌头。这杯茶不仅没有解渴，还浪费了杯之美。或者，直白地说，如果石田没有努力去了解这位贵族战士的狩猎之旅（本质上涉及间谍活动），

1 Yuko Daishoji, "The Three Cups of Tea," Miyoshi Tea Co., November 19, 2018, miyoshitea.com/new-blog/the-three-cups-of-tea-sankoncha.

2 The Editors of Encyclopædia Britannica, "Ishida Mitsunari," Encyclopædia Britannica, January 1, 2019, britannica.com/biography/Ishida-Mitsunari.

那么他就不可能如此完美地满足这位战士的需求。当我们了解顾客的时候，我们就有机会以顾客想要的方式为他们服务。但这需要我们多管闲事，有时还要有点运气，以便获得能告诉我们该如何取悦客人的信息。

你不必去日本才能体验"好客"。当你最喜欢的餐厅记住你的名字时，你便从一位匿名顾客变成了"回家"的家庭成员。类似的事情在网上经常发生，比如你经常访问的网站用你的名字问候你的时候。读到"欢迎回来，约翰！"的信息，一开始会让你感觉很好。但当你第一次访问一个与你毫不相干的网站，看到它热情地用你的名字欢迎你时，你的感觉可能就没那么好了。如果你去一家你从未去过的餐馆，一个从未见过你的服务员直呼你的名字："约翰！你的新工作进展如何？"你同样也会感到尴尬。目前人性面临的最紧迫的问题，就是避免这种情况——陌生人对你的"了解"到了应该让你感到不舒服的程度。你会在媒体上看到关于我们的隐私和如何自我保护的报道，希望机器停止侵犯我们的隐私是很自然的。但是，要求一台计算设备停止收集信息，并停止与其他设备共享收集到的信息，就和希望你的魔杖中的所有魔法消失一样。

计算机器，就其本质而言，可以并且将以某种方式被测量，因为这是其模式的内在好处。测量的程度可以是从捕捉你在设备上的每一次点击和按键，到你在地球上每一次移动的三维位置信息。你可能听说过 cookie 是网络追踪的基本单位。虽然听起来完全无害，但 cookie 其实是网络的第一宗罪，同时也是互联网广告业务在互联网崛起期间变得如此成功的原因之一。cookie 是一小段文本，任何程序员都可以将其"缓存"在你的浏览器中，以便在你再次访问时调用它——这样，浏览器就会记住你访问过的内容和相应时间。这是让网站记住你最后一次访问的位置的实用手段，而且——就像石田的茶侍服务那样——可以努力为你沏出最适合你的第三杯茶。

顺带一提，这种将 cookie 作为文本保存在浏览器的 cookie 罐中的基本技术机制，也允许与你访问的网站无关的服务缓存关于你的信息。这些 cookie 被称为"第三方 cookie"，我建议你在阅读完本文后在浏览器设置中禁用它们。这样做可以让你对自己的身份有更大的掌控权，选择你允许谁知道关于你的事情——否则，你会更容易遇到在你踏进门之前就知道你的一切的餐厅。你也可以关闭浏览器上的所有 cookie，包括第一方 cookie，但这样做会让浏览网络变得麻烦。cookie 带来了便利，它意味着你不必记住已登录服务的密码——cookie 被放置在你的计算机中，将你的计算机标记为完全授权的"已登录"，这样你就不必在一堆便笺中找密码了。别担心，cookie 本身并无害处。

在可预见的未来，你将不断地用你泄露给他人的数字信息来交换计算便利性。你放弃的隐私越多，你得到的便利就越多。换句话说，当你分享关于自己的信息时，计算机能保证你因得到你想要的东西而快乐，而不是因不适合你的服务而烦恼。例如，每家连锁酒店都知道我不喜欢住在电梯旁边的房间。同样地，每家航空公司都知道我喜欢过道的座位。我介意他们知道这些情况吗？一点也不，因为这意味着我的愿望更有可能得到满足。我介意的是关于我的信息在未经我允许的情况下被泄露。但是，如今你很难知道你的信息是否被泄露，因为你往往在开始使用服务之前，在冗长的文字墙弹出来要求你接受服务条款时，就允许了某家公司获取你的信息。你到底同意了什么？

　　有些时候，你会明确选择被监控和遥测，比如当一个网站要求你向它透露位置时。如果每一层技术都这样做，那么你最终可能无法像你认知中的那样使用互联网，因为你会交出很多权限。对计算宇宙的复杂本质的新认识应该让你意识到，互联网服务提供商很可能正在储存和出售关于你的信息——在美国，这种做法目前是完全合法的。[1]你的电话网络运营商、云计算公司、你最喜欢的应用程序，甚至你使用的物理设备也在这样做——它们都可能独立地全天候遥测和收集关于你的信息。了解你的数据是如何被共享的——无论你有没有同意——是一个新兴的设计维度。从计算产品的角度来看，我对它非常感兴趣。这是一个足以为此写很多本书的话题，但我只想让你意识到这真的很重要。[2]如果你还

1　"House Votes to Allow Internet Service Providers to Sell, Share Your Personal Information," *Consumer Reports,* May 4, 2018, consumerreports.org/consumerist/house-votes-to-allow-internet-service-providers-to-sell-share-your-personal-information.

2　"Patterns," Privacy Patterns, privacypatterns.org/patterns; "An Evolving Collection of Design Patterns for Sharing Data," Data Permissions Catalogue, catalogue.projectsbyif. com; Holly Habstritt Gaal, "Ethical, by Design: How We Design with Your Privacy in Mind," *DuckDuckGo* (blog), January 22, 2019, spreadprivacy.com/ethical-by-design.

没有完全相信我，你可以看看美国公民自由联盟在 2004 年发表的科普文章《可怕的比萨》（"Scary Pizza"），其中描述了这样一个未来：一个人打电话到当地比萨店订购比萨，这一信息与他的健康记录、从业经历以及其他信息交织在一起。比萨店最终对他下单的额外奶酪收取了额外费用，因为他应该在节食期，而这个人自然也对比萨店对他的了解程度感到震惊。[1]

当与亚马逊分享过一次信用卡信息后，你就不必在每次购物时都重新输入。这听起来很棒，感觉就像魔法。当 Gmail 处理完你所有的电子邮件并知道你可能如何回复一封邮件后，它就会自动建议回复内容。这听起来也很神奇。通过让云计算公司访问我们的所有信息，我们能让它们为我们做奇妙的事情，沏出温度和口感完美的茶。唯一的问题是，假如黑客闯入亚马逊并窃取了你的信用卡信息，或者设法进入谷歌访问了你的所有电子邮件，这可怎么办呢？这是什么感觉？很可怕，对吧？这种风险值得吗？当然值得。减轻公认风险的方法是理解并尊重计算系统的工作原理和出现问题时可能发生的情况。希望计算时代带来的所有神奇便利都消失，意味着我不能在任何时候轻松地给母亲发爱心表情符号或者在异地工作时观看孩子的舞蹈表演。每当技术节省我的时间或做得比我一个人做得更好的时候，我都感到感激和满足，同时仍然谨慎地思考我得到了什么，以及云从我这里拿走了什么。

1　"ACLU Links Pizza Delivery to Privacy Erosion in New Online Video," ACLU, July 26, 2004, aclu.org/news/aclu-links-pizza-delivery-privacy-erosion-new-online-video; ACLU, "Scary Pizza," YouTube, youtube.com/watch?v=33CIVjvYyEk.

　　我们应该感到兴奋的是，测量可以通过理解消费者的每一个需求，让计算产品有能力为消费者提供极大的便利。例如，丽思卡尔顿酒店对顾客的提前了解可以让他们以低技术含量的方式提供传奇服务。如果发现客人在客房中剩了一块（真的）饼干[1]没吃完，他们可能会意识到这不是客人喜欢的甜点，在下次服务中提供不同的甜点选项。我曾经在丽思卡尔顿酒店住过一次，享受过其卓越的设施和服务，我很乐意把我的所有信息交给他们，以获得 omotenashi 服务。[2]问题是，在他们的数据面前，客户的最大利益是否会被考虑进去。因此，当你开始使用遥测系统和客户数据时，请完全采用 omotenashi 的方法——并且像对待自己的数据那样对待他们的数据。明确地知道被共享的数据有哪些，可以让客户权衡自己在失去隐私时做出的妥协和因此获得的有价值的回报。

3 // 数据科学在全局层面控制逻辑解释

　　假设一个普通人每天解锁智能手机的次数超过了 100，现在全世界有数以十亿计的手持计算设备，那么我们可以发现访问这

1　"饼干"的英文是 cookie，cookie 亦指浏览网站时由网络服务器创建并由网页浏览器存放在用户计算机或其他设备的小文本文件。

2　"Guest Story: Expressed and Unexpressed Need," The Ritz-Carlton Leadership Center, June 24, 2015, ritzcarltonleadershipcenter.com/2015/06/expressed-and-unexpressed-needs.

些设备产生的信息量很容易证明"大数据"这个常用术语的合理性。全世界所有互动产生的海量数据可能会让你认为，任何人都不可能利用这些信息做任何事情。但是，由于你熟悉计算机器的工作原理，你知道我们生活在一个分析数千、数百万、数十亿、数万亿数据点完全可行而且正在发生的时代。从技术角度看，云端的计算机器可以以惊人的速度和传输量收集数据；但从道德角度看，存在着同样惊人的隐患。值得警惕的另一个问题是我们流入公司的数据是否只会用于提高我们的幸福感和生产力，如我在前一节所述。还是说这些数据会被用来对付我们？

这在技术上是如何运作的，现在你可能已经很清楚了：通过简单循环不知疲倦的能力，我们可以从任何运行的代码中收集无限的信息流：

```
for( t = 1; < 无结束条件 >; t = t+1 ) {
    < 客户端设备向云端传输信息 >
}
```

而从云计算的角度来看，在连接世界各地设备的所有服务器上运行进程，只需要一个简单的嵌套循环就可以遍历所有服务器，然后深入每台独立的设备。

```
for( server = 1; server < number_of_servers;
```

```
server = server+1 ) {
for( device = 1; device < number_of_
   devices; device= device+1 ){
   < 筛选从每台服务器连接的所有设备中收集的所有
     数据 >
}
}
```

这只需要遍历云端所有可用的服务器，然后遍历每台服务器连接的所有可用设备。借助现代计算分析方法，云能够科学准确地推断出你想购买的下一个电视节目、书籍或外套，而且用时只会随着摩尔定律的发展而缩短。作为参考，一名运动员大约需要 67 年才能走完 10 亿步。[1] 现在，如果云使用我在前文描述的简单方法运行，它不需要 67 年才能完成，但这也肯定不是完成这项工作的最快方法。这就是优秀的软件工程师可以施展魔法、实现不可能的任务而不必等待摩尔奇迹的地方——幸好有这些技术宅。就在十年前，被贴上"技术宅"的标签意味着逊毙了；但今天，随着技术世界的扩大，我发现这种刻板印象开始改变。多年来，我遇到过各种各样的技术宅，从图书馆科学宅到定向营销宅，还有更多宅不断地涌现。我们有必要听听雷吉娜·杜根博士（Dr.

---

1 "1,000,000,000 Lifetime Steps... Is It Possible?," LetsRun.com, January 30, 2017, letsrun. com/forum/flat_read.php?thread= 8035415.

Regina Dugan）在 2012 年与 TED 观众分享的内容："技术宅改变世界，请善待他们。"[1] 你还应该对最新出现的一种怪人特别友好：数据科学宅，或者用更正式的说法，"数据科学家"。

《哈佛商业评论》（*Harvard Business Review*）宣布数据科学家是 "21 世纪最性感的工作"，让这一职业尽人皆知。它给出了如下定义：

> 数据科学家最基本、最普遍的技能是编写代码的能力。这一点在五年后可能就不那么正确了，届时将有更多人在他们的名片上写上"数据科学家"的头衔。更持久的技能将是数据科学家能用所有利益相关者都能理解的语言进行沟通，并展示用数据讲故事需要的特殊技能——无论是口头还是视觉上的，最理想的是两者兼备。[2]

我记得自己在听杜根博士演讲的那一年读到了这篇文章并感到很激动，因为我又发现了一个和我一样的技术宅部落，他们喜欢用代码来理解数据。但是，直到我成为硅谷的常住民后，我才完全明白科技公司有多少数据，我才更认真地开始思考第 156 页

1　"The Only Way to Learn to Fly Is to Fly: Regina Dugan at TED2012," *TED* (blog), February 29, 2012, blog.ted.com/the-only-way-to-learn-to-fly-is-to-fly-regina-dugan-at-ted2012.

2　Thomas H. Davenport and D. J. Patil, "Data Scientist: The Sexiest Job of the 21st Century," *Harvard Business Review*, October 2012, hbr.org/2012/10/data-scientist-the-sexiest-job-of-the-21st-century.

上嵌套的服务器 / 设备循环的核心 { 代码块 }：

```
{ < 筛选从每台服务器连接的所有设备中收集的所有数据
  > }
```

　　你可以把这种筛选数据的行为想象成一台巨大的农业机器，它每扫描一公顷的土地就吸入大量作物，或者一群训练有素的采摘能手精心采摘成熟的果子，不采摘其他的，以让其慢慢成熟。前者没时间分辨它吸入的作物，因为数量比质量更重要；后者则将质量置于数量之上。显然，毫不费力地在田间巡游的联合收割机看起来比手工采摘者更有吸引力。但理解这一切需要的解释技巧，是我们人类仍然比机器更擅长的能力。

　　这就是数据科学家的用武之地。这些专家编写专门的计算机程序，帮助分析收集到的所有信息。长期以来，为了从已有数据中获得更多的理解，我编写代码以分析从我的电子邮件到我的社交媒体活动中的一切。我可以告诉你这很有趣，即使这不是你的职业道路。如果你像我当年那样，想知道为什么在读大学的时候数据科学不是一门可选专业，我可以告诉你这是因为当时统计分析领域只是看起来有用，原因有二：（1）只有在数据量很大的情况下，你才能获得良好的统计准确性；（2）手动评估大量数据是非常烦琐和无聊的。计算是前者的根源，也是后者的解决方案。计算是我们拥有这么多数据的原因，同时也是理解这些数据的解决方案，这似乎有点自以为是。

数据科学通常不仅仅意味着编写计算机专业术语。它意味着抛弃收集到的劣质数据，让利益相关者参与进来，让他们能够理解这些数据并最终决定应该首先收集哪些数据。统计术语一开始可能会让人望而生畏，但当你意识到可以把它们分为"描述"和"推论"这两类时，就会变得容易理解一些。你可能认为描述统计学是比较简单的东西，它有关用"平均值"或"标准差"来描述一个数据集的各种方法，就像你可能把一头牛的某个部位标记为"牛腩"或"牛柳"。推论统计学讨论的是所有与从数据中进行推论有关的异类，在这里，你会遇到"回归""P 值"等令人费解的术语。你在听到有关数据科学的对话时，只需要记住一个具有"高 R 平方"的推理统计模型是好的，如果它具有"低 P 值"，那么它就是特别好的。

《哈佛商业评论》的那篇文章恰如其分地指出，比知道如何做数据科学更重要的，是"数据科学家能用所有利益相关者都能理解的语言进行沟通"。讲述一个基于高 R 平方和低 P 值模型得出的结论不仅需要良好的沟通技巧，还需要意识到将基于数据的推论混淆为不争的事实的趋势。定量信息在任何规模的组织中都具有很大的影响力——即便它是错误的，所以我们要时刻记住数据本身并不能产生事实或答案。它只是描绘了原始的画面，需要人类的深入了解和解释，因此永远不会 100% 正确。

尽管我们可以用数据定量地获得诱人的图表、时髦的确定性计算和听起来合理的结论，但我成了我们可以使用和学习的另一种数据的粉丝：更偏向定性的数据。定性数据的收集并不是由摩尔定律驱动的，而是由老式的倾听真人的意见获取的——当然，它也具有一定的严密性和科学性。正如用户研究专家和设计传奇人物埃里卡·霍尔（Erika Hall）所说：

> 评估功能设计的最佳方式是结合定量和定性的方法。数字会告诉你发生了什么，而个体会帮助你理解一件事为什么会发生。[1]

如果说前者是数据科学，那么后者就是数据人文主义。科学试图回答这个问题，而人文主义让你好奇为什么它与人有关。科学让你进行定量研究，显示穷人倾向于给他们的孩子吃垃圾食品。人文主义让你倾听弱势父母的解释：垃圾食品是为数不多他们能够负担得起的向孩子表达爱的东西。[2] 我在贫困家庭长大，体重超标，后来在世界上最好的教育机构接受了定量思维的教育。这提醒我，我所有的聪明才智加在一起都不如认真倾听别人的意见来得有价值。

定性的见解是通过与像你这样的人类进行精心组织的对话来

1　Erika Hall, *Just Enough Research* (New York: A Book Apart, 2013), 103.

2　Priya Fielding-Singh, "Why Do Poor Americans Eat So Unhealthfully? Because Junk Food Is the Only Indulgence They Can Afford," *Los Angeles Times*, February 7, 2018, latimes.com/opinion/op-ed/la-oe-singh-food-deserts-nutritional-disparities-20180207-story.html.

获得的——这不断提醒我们这项工作最终是为谁服务的。整合定量和定性的数据是完美的互补。[1]将"定量且定性的"方法与团队的经验直觉相结合，让你有更多的机会得出你可以代表你的服务对象尽职地操控的结论。

4 // 将一个想法付诸实践比祈祷它是正确的更可靠

我们已经走过了一段漫长的路，探究测量系统之所以异常有用的核心：轻松测试想法的能力。但在我们深入探讨这种能力之前，我想让你至少熟悉测量是如何发生的，了解拥有关于用户的数据可能有益也可能有害，以及一种可以最大化利用大量涌入的数据的全新技术。这项技术本身微不足道，但考虑到连接我们所有人的计算机云的范围、速度和阴影遍布全球，它的影响是巨大的。通过把一个用于数据收集的想法推向世界，我们只需要观察它的实际使用情况，就可以很容易地测量它是成功还是失败的。

但比起了解一个想法是好是坏，更好的办法是同时实践一个想法的几个变体，以此了解哪一个变体才是最好的方向。也许一个想法的某个方面比其他的好——这可以通过测试变体来揭示，而不是抛弃整个想法。这就像在鱼竿末端挂三种不同的鱼饵，看

---

1 John Maeda, "Quant Is the Scaffolding. Qual Is the Clay," *How to Speak Machine* (blog), June 2, 2019, howtospeakmachine.com/2019/06/02/quant-is-the-scaffolding-qual-is-the-clay.

哪一种能钓到最多的鱼。然后，通过把最有效的鱼饵作为你下一组变体的基础，你就有可能找到下一个最好的鱼饵，以此类推。通过这种方式轻松测试不同想法的能力降低了随机猜测的风险，对于改善产品设计有益无害。

将上一章的复利方程式应用于连续改进与连续恶化相比的问题：

1.01 ^ 365 = 37.8 与 0.99 ^ 365 = 0.03 相比

如果我们在猜测如何改进系统方面变得异常出色——例如，每天改进 2% 而不是只有 1%，那么它将是：

1.02 ^ 365 = 1377.4 [与 37.8 相比]

而如果我们掉链子，使事情每天恶化 2% 而不是 1%，那么它将是：

0.98 ^ 365 = 0.0006 [与 0.03 相比]

这告诉我们，如果我们养成了经常猜错的习惯，会发生什么。

抛开这些顾虑，令人激动的是一年内实现千倍改进的可能性。然而，我想提醒你应该把激情用于追求崇高目标，比如帮助退休人士负担起每周的生活费，而不是更险恶的意图，比如改变选民对候选人的看法。在这里提出这个警告，和我在本章一直试图做的一样，是为了再次强调云不仅仅是由计算机相连而成的网络，还是连接了人类的网络。我们当然很容易忘记这一点，所以如果我听起来像在说教，请理解这不是我的本意——这样做是为了提醒自己在将来读到这些话时记住这一点。我发现自己很容易忘记将不良行为自动化有多么容易。

因此，当我们通过云在许多计算设备上进行实验时，我们其实是在对真人进行实验——而不是在无形的、分离的计算模拟中进行实验。例如，2014 年，脸书分享了它在 689,003 名用户中进行的一项实验。[1] 在这项实验中，用户更多地看到了朋友发的带有不同程度的消极 / 积极情绪的帖子，而不是带有积极 / 消极情绪的帖子。脸书的结论是，通过这种方法可以操控从统计学角度看相当多人的情绪——换言之，这个实验显示了全自动地将 50 万人变成愤怒暴民的潜力。现在，我不认为你在实践你的想法时会对你的客户进行这些有问题的实验，但请记住，在没有得到他们的明确许可和完全理解的情况下，你绝对不应该这样做。

2008 年贝拉克·奥巴马（Barack Obama）竞选总统期间，在 barackobama.com 上进行的筹款实验是一个更成功的例子。奥巴马团队没有简单地发布最终网站来筹款，而是采用了 24 种按钮

---

1 Adam D. I. Kramer, Jamie E. Guillory, and Jeffrey T. Hancock, "Experimental Evidence of Massive-Scale Emotional Contagion Through Social Networks," *PNAS*, June 2, 2014, pnas.org/content/111/24/8788.

和媒体内容的不同组合，最终确定其中一个组合的效果比默认的好 40.6%，采用这个组合可以多筹集 6,000 万美元。[1] 在奥巴马的第一次竞选中负责这项工作的负责人后来成功创办了一家名为 Optimizely 的公司，该公司让每个人都能轻松进行此类实验。不出所料，对实验的痴迷同样体现在了奥巴马 2012 年竞选总统期间的筹款活动中。其中一个例子是测试主题不同但内容相同的电子邮件的差异。[2] 结果发现，以"民意调查做对了一件事"为主题的邮件募集到了 403,600 美元，以"我将严重超支"为主题的邮件则募集到了 2,540,866 美元。

在处理实体产品时，尝试变体的成本仍然很高——尽管在某些类别中成本开始下降，比如使用 3D 打印技术快速制造精度越来越高的塑料或金属实物原型。在人身上测试物理变化可能涉及高额的运输成本，以及满世界移动原型损失的时间成本，而这正是 3D 打印技术开始解决的问题，3D 打印机的普及将使在遥远的地方制造原型变得容易。相比之下，即使在 3D 打印机无处不在的世界里，生产纯计算产品变体的成本也将低得多，尤其是当变化仅涉及副本或图像而不是修改实际的程序逻辑时。简单变体可以即刻推送给任意数量的用户，从一个用户到所有用户。

1 Dan Siroker, "How Obama Raised $60 Million by Running a Simple Experiment," *Optimizely* (blog), November 29, 2010, blog.optimizely.com/2010/11/29/how-obama-raised-60-million-by-running-a-simple-experiment.

2 Joshua Green, "The Science Behind Those Obama Campaign E-Mails," *Bloomberg Businessweek,* November 29, 2012, bloomberg.com/news/articles/2012-11-29/the-science-behind-those-obama-campaign-e-mails#r=auth-s.

学习如何有效地执行这些"拆分测试"（也被称为"A/B 测试"）的最佳方法可以在 2007 年发表的简短研究论文《在网络上进行控制变量实验的实用指南：倾听客户的声音，而不是收入最高的人的意见》中免费获得。[1] 从这个标题中可以看出这篇论文的关键：不要听从"收入最高的人的意见"（Highest-Paid Person's Opinion，以下简称 HiPPO）。换言之，要让经严格管理的对客户进行的数据实验来指导你得到结果，而不是让老板的意见推翻你深思熟虑的工作。请记住，一个成功的变量实验基于从一开始就选择正确的起点——这通常是 HiPPO 的选择。同时也要记住，挖掘你的团队的创造力将有助于你的实验拥有足够多的差异变体。因此，最大化你身边的观点的多样性以尽可能多地获得不同的解决方案是非常重要的，你可以通过确保身边有一个具有包容性的多元化团队来轻松实现这一点；否则，你的实验质量将受影响。

当你比较接近成功时，在基本的核心理念上测试变量会有最好的效果。这就像玩"冷与热"的寻宝游戏。当你听到"热"时——这意味着目标就在附近，最好的策略是用小碎步蹑手蹑脚地靠近奖品。相比之下，因为你已经接近奖品了，突然随机跳跃、跳到目前范围之外是没有意义的。也就是说，除非有一个没有人发现的更大、更好的奖赏在等着你大胆地跳出那一步：与你一心想要找到的"局部最优解"相比众所周知的"全局最优解"。因此，

1　Ron Kohavi, "Practical Guide to Controlled Experiments on the Web: Listen to Your Customers Not to the HiPPO," EXP Platform, August 2007, exp-platform.com/practical-guide.

如果你发现自己在错误的海洋里钓鱼，需要下更大的赌注，但高层似乎没有人在听，那么就尽一切努力推翻 HiPPO 吧。当你无法摆脱这种情况时，硅谷的原则是离开公司，自己创业。

当一个计算系统经过深思熟虑的测量并配置了适当人员时，测试通过云可以立刻传递给用户的想法就能提供一个有效的降低风险的框架。测试方法及其应用者（如亚马逊、爱彼迎和奈飞）成功的核心，在于克劳德·霍普金斯（Claude Hopkins）以客户为中心的简单智慧。[1] 早在 1923 年他就说过：

> 几乎所有问题都可以通过一次测试活动得到低廉、快速、彻底的解决。而且这就是解决问题的方法——不是围着桌子争论。直奔终审法庭——你的产品的买家。[2]

测试客户会带来额外的成本和风险，我们需要将其与不进行任何修改或改进尝试的机会成本进行权衡。只有当你心中有一个

1　Julia Kirby and Thomas A. Stewart, "The Institutional Yes," *Harvard Business Review,* October 2007, hbr.org/2007/10/the-institutional-yes; Jan Overgoor, "Experiments at Airbnb," *Airbandb Engineering & Data Science* (blog), May 27, 2014, medium.com/airbnb-engineering/experiments-at-airbnb-e2db3abf39e7; Cara Harshman, "2 Controversial Site Redesigns That Should Inspire You to A/B Test," *Optimizely* (blog), August 14, 2014, blog.optimizely.com/2014/08/14/2-alexa-500-site-redesigns-that-should-inspire-you-to-ab-test.

2　Claude C. Hopkins, *Scientific Advertising,* CreateSpace Independent Publishing Platform (reprinted 2010 from original 1923 text), amazon.com/Scientific-Advertising-Claude-C-Hopkins/dp/1453821082/ref=sr_1_1?s=books&ie=UTF8&qid=1392230311&sr=1-1&keywords=scientific+advertising+by+claude+hopkins.

可衡量的结果（比如推动点击行为或促成一笔销售）与可以衡量的基本情况进行对比时，测试才真正有用。特别注意不要陷入这样一种情况：对任何想法的默认文化反应都是"只要测试一下"。一方面，这意味着有一种对新想法持开放态度的文化；另一方面，它也可能表明在面对相互矛盾的意见时，人们开始变得懒惰，不愿深思熟虑。"只要测试一下"很容易成为不投入启动一个真正好的想法需要的努力的借口。换言之，测试是一项真正有价值的工作，如果做得对，可以带来数千倍的改进和数百万美元的价值。

5 // 自动化势不可当，但无人对此负责

设计圣殿促使我们推出完整的、尽量接近完美的东西——这是 20 世纪高风险经营模式的缩影，科技圣殿则教我们推出不完整的、可测量的东西，这大大降低了初期的风险。然后，通过云不断地进行改进和实验，大量的学习随之而来，帮助我们更好地了解用户并为他们提供最佳服务。因此，科技公司非常擅长猜测你想要什么——无论是通过用户实时反馈的遥测信息，还是它们根据过去的行为做出预测的机器学习算法。我们生活在这样一个非同寻常的时代：企业可以以低风险、极低的边际成本、无限的规模和惊人的速度为它们的客户做棒极了的事情。

当这种强烈的兴奋感开始让你充满雄心壮志时，你的脑海里

可能出现一个小小的声音，它想知道未来，以及你将在这一切中
扮演什么角色。当然，你会是那个收集数据、分析数据并根据了
解到的信息采取行动的人，这样你就可以每个月测试一个新的假
设。如果走运，你也许可以每两周测试一次——但在某些时候，
如果你进行了太多测试，你就很难跟踪这些测试了。因此，在
$1.01^{365} = 37.8$ 的数量级上，能做出的快速改进的数量总是有限的。
但是，如果存在一种"自动驾驶模式"，可以在没有人工干预的情
况下进行快速测试和迭代，如果这种模式能实现每 $\frac{1}{60}$ 秒 0.01%
的改进，我们将得到：

```
1.0001 ^ (365 * 24 * 60 * 60 * 60) = 无穷大
```

这是谷歌显示的结果，幸好我们可以用 Wolfram Alpha[1] 计算：

```
2.2708501095186067052294867248415764127749714
2226720 . . . × 10 ^ 82171
```

227后接82,169个 0。哇！光是想想人类要与之竞争会有多难，
就让我头疼。等等。这不可能吧？20 世纪 70 和 80 年代的技术宅
们梦寐以求的一塑料桶装的电线和微型电子零件，怎么会让我们

———————

1　详见 Wolfram Alpha Computational Intelligence，wolframalpha.com。

感到有点……不安全并且受到了威胁？而我们的口袋或钱包里那个无限便利的旅行装肥皂大小的东西，怎么会帮助和教唆我们在未来可能变得无关紧要？在好奇心演变成愤怒后，你可能会开始发问："谁对我做了这一切？科技公司？一定是他们！我怎样才能让他们付出代价？"

将渗透到我们的现代生活的方方面面的计算世界归咎于科技行业是合乎逻辑的。但这不光是他们的错——这也是你的错，因为你对世界上扎克伯格之类能熟练与机器沟通的人已经理解多时的事情一无所知。如果计算是我们都能在物质世界中看到并感受到的东西，那么我们也许早就习惯了新的限速标志、测速器等。想想看，第一辆速度突破 60 英里每小时的汽车是一辆鱼雷形状的电动汽车，名为"永不满足"（*La Jamais Contente*），由比利时工程师发明，并于 1899 年在法国进行了测试。如果"永不满足"按照摩尔定律的标准进化，那么到 1925 年它就会突破光速。[1] 毫无疑问，如果我们在 1910 年注意到比利时人或法国人在地球表面超声速飞驰，那么一定会有人对此采取行动。在计算领域，这些悄然发生的变化在很长一段时间内都不为人所知，以至于我们直到今天才注意到它对政治、媒体和商业的影响。

我们最大的机会——也是最大的问题——与正在收集和收集自我们共同的过去的数据有关。想象科技行业的云系统飘浮在所

---

[1] John Maeda, "60mph Versus the Speed of Light." *How to Speak Machine* (blog), April 23, 2019, howtospeakmachine.com/2019/04/23/60mph-versus-the-speed-of-light.

有人的头顶上，这是无穷多永远干燥的海绵，吸收关于我们在做什么、在哪里、在想什么的一切信息。一方面，如果你无法理解它的能力，它就会显得不祥、黑暗和可怕，而这正是大多数人开始感觉到的。另一方面，我们可以感到庆幸的是，长期以来数据和伦理专家一直在思考许多相关问题，以便我们可以开始区分数据收集的道德和不道德来源。[1] 计算世界长期以来都是不可见的，但现在它变得可见了，为了取得我们完全的信任，它需要更加透明和易于理解。我们不再接受不透明的黑匣子，否则当它们行为不端时我们既不能查看内部也不能拷问它们。

我们仍然处于理解以下内容的初级阶段：信用卡公司拥有的数据可以完全匿名化并出售给谷歌这样的公司，然后只需要匹配信用卡交易记录与你的智能手机广播的位置信息或者你在网上分享信息时标记的位置信息，我们就可以实现这些数据的去匿名化。[2] 我们也仍处于努力探索长期被忽视的摩尔速度下发生的一切的初始阶段。假如我们在 20 世纪 90 年代末就以当时在麻省理工学院媒体实验室的我们可以明显认出的方式注意到类似"永不满

1 John Maeda, "Talk Data to Me. Or, First Party Data vs Second Party Data vs Third Party Data," *How to Speak Machine* (blog), April 23, 2019, howtospeakmachine.com/2019/04/23/talk-data-to-me-or-first-party-data-vs-second-party-data-vs-third-party-data.

2 Elizabeth Dwoskin and Craig Timberg, "Google Now Knows When Its Users Go to the Store and Buy Stuff," *The Washington Post*, May 23, 2017, washingtonpost.com/news/the-switch/wp/2017/05/23/google-now-knows-when-you-are-at-a-cash-register-and-how-much-you-are-spending; Zeynep Tufekci, "Think You're Discreet Online? Think Again," *The New York Times,* April 21, 2019, nytimes.com/2019/04/21/opinion/computational-inference.html.

足"以超过光的速度疾驰的事情，那么今天的世界可能会与以往大不相同。可实际上，全世界才刚刚意识到一个被科技公司完全掌控的无形计算世界的存在。尽管如此，我们还是应该相信那些发明技术的极客——他们这样做并非出于恶意，而是主要出于好奇心。我们绝对应该惩罚行为不端者，因为肯定有相当一部分极客的行为令人难以接受。技术人员逐渐开始意识到——当他们精心地编写一行行代码时，他们开始好奇当不完整的计算系统在不久的将来学会"自动补全"时会发生什么。即使是最聪明的自动化专家也不能避免自己被巧妙地自动化。幸运的是，这已经开始让他们所有人都有点紧张并愿意重新思考他们在这个世界上做过的事情。

以下是软件产品行业发展的五个阶段，在最后一个阶段，人工智能将解决一切，因为它将无所不知。我们已经度过了前三个阶段，目前正处于第四个阶段，在这个阶段，人类智能和计算智能融合在一起成为某种混合体——因此尼基·凯斯（Nicky Case）称这个阶段为"半人马时代"——象征着人类智能与马的超强体力的融合。[1] 今天我们知道在让计算机变得更聪明的同时，计算机也在增强我们的智慧，所以我们没有打败它们，而是选择了加入。

第一阶段：塑封包装的盒子，通过盒子发布软件产品，并以

---

1 Nicky Case, "How to Become a Centaur," *Journal of Design and Science*, February 6, 2018 (updated), jods.mitpress.mit.edu/pub/issue3-case.

同样的方式推送软件更新。

第二阶段：塑封包装 + 下载，用户可以选择在线下载盒子里的软件，并且软件更新的推送也在线上进行。

第三阶段：软件即服务（SaaS），我们将软件作为一种服务迁移到云端，人类团队不断更新它。

第四阶段（我们在这里）：半人马的 SaaS，我们在云端运行软件，人类团队与轻度人工智能合作，不断改进它。

第五阶段：一个新的开始，我们将使用比以往任何时候发展得都快的软件，因为它由无所不知的重度人工智能驱动。

你可能正紧张地四处张望，希望能在视野中看到半人马，其实他们的成果存在于今天你能通过智能手机或其他设备访问的计算机器中。他们努力研究了你的最近一次亚马逊购物之旅，为了迎接你的再次光临重新安排了 Omotenashi 式的购物体验。与此同时，他们也为数百万名亚马逊客户提供了同样的服务。你最近使用的任何购物、搜索、新闻或视频服务也是如此，因为越来越多的计算 Omotenashi 可以按照你中意的方式为你服务。[1] 证明这一点最简单的方法是看你的朋友在他们的屏幕上能看到什么——或

1　Jarno Koponen, "Get Ready for a New Era of Personalized Entertainment," TechCrunch, April 13, 2019, techcrunch.com/2019/04/13/get-ready-for-a-new-era-of-personalized-entertainment.

者更好的方法是看年龄、文化、信仰、性别或任何其他特征与你完全不同的人的屏幕，以便与你的朋友圈区分开来。

早在20世纪70年代，媒体实验室的创始人之一尼古拉斯·尼葛洛庞帝（Nicholas Negroponte）就预言了这种完全量身定制的客户服务的出现，他提出了"每日一我"的概念，即一份只有你感兴趣的内容的报纸。[1]如今，这已经成了我们的数字生活方方面面的现实，因为所有的半人马都在努力工作以实现自动化并不断改进包围了我们大脑的享乐泡泡。一方面，我们生活中最美好的时刻一遍又一遍地被回放给我们以供我们享受；另一方面，我们正在经历一种认知上的满足感，这最终会限制我们作为一个物种的个体和集体成长的范围。我们该责怪尼葛洛庞帝吗？还是半人马？或者科技公司？当民选领导人能听懂机器语言时，他们将试图代表共同利益进行干预，我们已经看到这样的事情发生。[2]但是，鉴于行政程序的惰性和许多立法者陈旧的思维方式，似乎不太可能通过立法来完全解决并非法律的摩尔定律的影响。

如果你正在阅读本书的纸质版本，那么你就会知道它没有被测量，你可以放心，我不知道你跳过了哪几页，我也不会感觉受到了冒犯。但是，如果你阅读的是电子版本，那么你就明白了：

1　Cass R. Sunstein, *Republic.com* (Princeton, NJ: Princeton University Press, 2007), 1.

2　Brian Resnick, "Yes, Artificial Intelligence Can Be Racist," *Vox*, January 24, 2019 (updated), vox.com/science-and-health/2019/1/23/18194717/alexandria-ocasio-cortez-ai-bias; Simone Stolzoff, "Meet Andrew Yang, a 2020 US Presidential Hopeful Running Against the Robots," *Quartz*, December 7, 2018, qz.com/1485345/meet-andrew-yang-a-2020-us-presidential-hopeful-running-against-the-robots.

没错，我知道你在读什么——但就算你跳过任何一页，我也不会生气。因为你是一个对未来感到好奇而不是恐惧的人，而本书就是为你——新的半人马——而写的。（你多长出来的那双毛茸茸的腿困扰你了吗？）但是半人马的方式也有一系列需要处理的问题，考虑到魔法生物容易产生的优越感。举个例子，即使我们已经成为 A/B 测试专家，我们也可能只有三分之一的时间成功，另有三分之一的时间失败，三分之一的时间没有任何影响。当我们用复利优化和复利恶化的方程式说明这一点时，它就变成了：

$$1.01 \text{ ^ } (365/3) * 0.99 \text{ ^ } (365/3) * 1.0 \text{ ^ } (365/3) = 0.987906 ...$$

结果约为 0.99，基本上等于 1，这意味着我们玩这个游戏时没有累积改进——而且，如果我们把更新的频率提高到每秒一次，则结果为 0！请不要过于深究这些简单的计算，但我希望你能和我一起思考人类如何以大胆的方式推动改进，而计算机自己是无法做到的。我们的干预有潜力防止计算机的发展降至 0，对此我们应该感到自豪并承担起责任。

在麻省理工学院时，我宣称自己是"人文主义技术专家"，但并不知道它的真正含义，这主要是因为我认为技术专家的默认座右铭是技术越多越好。技术专家创造进步，进步是关于正在发生的事情。我们不想要一个根本没有任何事情发生的世界。但随着时间的推移，我发现了这两个术语之间的区别：

技术专家 = 我做，是因为我可以做这件事。
人文主义者 = 我做，是因为我关心这件事。

仅仅把一个字母替换成两个字母，"可以"（can）就变成了"关心"（care），技术也变得更人性化了。我相信你关心这个问题。因为你关心，所以你现在可以进入最后一章，了解人工智能无法应对的一个挑战，这证明了我们这些老实人是有价值的——而且是必不可少的。我们正处于"奇点"的边缘，我们的重要任务是解决一个失衡社会将面临的自动化问题，现在采取行动还为时不晚。即使到计算机完全超越人类智能的总和的时候，仍然会有一些事情是机器无法胜任的，找到这些事情是我们作为人类的责任。了解机器的世界后，你将需要对我们作为人类共同创造的事物负责——并且我们需要在为时已晚之前共同重新创造。一个计算产品将在收集到的关于我们的数据的驱动下立即得到改进。随着人工智能的崛起，它将成为驱动迭代的唯一力量，而不再需要我们积极和明确的指令输入，对此我们需要采取行动。

第六章

机器让失衡自动化

1 // 科技行业正在孕育排斥

鉴于科技行业长期以来一直受到科技教育行业（我的老本行）的支持，我一直认为我们在源头面临的问题会顺流而下。在加入麻省理工学院几年后，当时的院长查尔斯·M. 维斯特（Charles M. Vest）就 1999 年关于麻省理工学院科学学院女性教职工的官方报告发表了一份声明：

> 我从这份报告及其写定期间的讨论中学到了两个特别重要的教训。首先，我一直以为当代大学中的性别歧视部分是现实，部分是观念。确实如此，但我现在知道了现实部分占相当大的比重。其次，我和我的大多数男同事都认为我们非常支持初级女性教职工。这也是事实。她们一般对此都很满意，并在许多方面（尽管不是所有方面）都得到了很好的支持。然而，当我听到一位感到自己受到不公平待遇已有一段

时间的高级女性教职工说"我年轻的时候也觉得其他人很支持我"时，我猛地坐直了。[1]

我天真地以为，随着麻省理工学院公开发表的这一声明和随后《纽约时报》（*The New York Times*）对它的报道，性别歧视造成的严重不公平将正式被驱逐出科技世界。因此，当我十多年后在硅谷见到一个满是"硅谷顶级用户体验设计师"的房间里只有两位女性在场时，我大吃一惊。在我离开硅谷前，在我组织的任何聚会或作为演讲者参加的任何活动中，情况已经改善到男女数量对半，因为我发现这是提高活动整体质量最有效的方法。因此，我觉得我这样做说得通。

当我开始深入研究科技领域的统计数据时，我开始感到担忧。据我了解，科技领域的女性只占总人数的21%，而美国女性约占总人口的50%——这显然是不平衡的。[2] 2014年，美国平等就业机会委员会指出，高科技行业中非裔美国人占7.4%，西班牙裔美国人占8%，亚裔美国人占14%；而私营企业的平均比例为非裔美国人占14.4%，西班牙裔美国人占13.9%，亚裔美国人占5.8%。[3]

1　"A Study on the Status of Women Faculty in Science at MIT," *The MIT Faculty Newsletter* (special edition), March 1999, http://web.mit.edu/fnl/women/women.html.

2　Rachel Gutman, "The Origins of Diversity Data in Tech," *The Atlantic*, February 3, 2018, theatlantic.com/technology/archive/2018/02/the-origins-of-diversity-data-in-tech/552155.

3　Alison DeNisco Rayome, "5 Eye-Opening Statistics About Minorities in Tech," *TechRepublic,* February 7, 2018, techrepublic.com/article/5-eye-opening-statistics-about-minorities-in-tech.

作为一名亚裔美国人，我不禁注意到就业平等中心的一项研究报告指出，尽管亚裔美国人在科技领域的占比相对较高，但管理和高管职位更有可能被白人男性（或者新行话所说的"苍白男性"）占据。[1] 在美国以外的国家（比如中国），科技行业也普遍偏好男性——这表明这个问题不只发生在肤色苍白的人群之中。

比起这些数字失衡，更令人担忧的是这种不平衡将如何影响科技行业中的少数派在各个层面的生活质量。卡普尔社会影响中心（The Kapor Center for Social Impact）研究了少数派离开科技行业的原因，指出歧视、欺凌、性骚扰和种族主义是最主要的原因。[2] 研究还发现，女性和有色人种最有可能遭到骚扰，并在有机会晋升时被忽略。回到我在麻省理工学院的故事，我后来发现，麻省理工学院和世界上大多数大学从未与维斯特博士理想的"重置"理念保持一致。因此，这个为科技行业输送了大量工程人才的系统一开始就存在性别失衡，而它只是做了所有系统在存在某种偏见时所做的事情：一如既往地沿着默认道路前进。那些意识到失去了创造更优质的工作环境的机会的领导者，可以选择对此做些什么，或者任其发展。

从系统的角度来看，我们可以预测，在没有自我纠正的情

1　Donald Tomaskovic-Devey and JooHee Han, "Is Silicon Valley Tech Diversity Possible Now?," University of Massachusetts Amherst, June 2018, umass.edu/employmentequity/silicon-valley-tech-diversity-possible-now-0.

2　"The 2017 Tech Leavers Study," Kapor Center, April 27, 2017, kaporcenter.org/tech-leavers.

况下，这种规模的科技行业失衡可能会持续下去。科技公司需要全速运行以跟上摩尔时间尺度，这加大了在潜在雇员中优化"文化适配度"——意味着招聘"和我们一样"的人——的压力。这样一来，新员工就会花更少的时间适应（因为他们"和我们一样"），产生更少的日常摩擦（因为他们"和我们一样"），并且听老板的话（因为他们"和老板一样"）。反过来，这些人又会雇用更多和他们一样的人——除非有明确的全系统层面的干预、激励或惩罚措施来打破这种循环。无论是对待有相似品味的大学朋友，还是因为相似原因搬到同一个地方的邻居，还是已经自行调整以实现和谐最大化的专业圈子，我们都倾向于减少摩擦，选择同质化而非差异化。

因此，不出所料，科技行业充满了更有可能具有相似想法和相似背景的人，因为快速行动的需要总是比更缓慢、深思熟虑的方法更重要。但是，当有一个"我们"来定义我们时，自然就有对应的"不像我们"的一类人被排除在外，因为"他们"有不同的想法，会拖慢我们的步伐。科技圣殿和金融圣殿或其他试图发展自己的文化的专业圣殿没有什么不同。任何圣殿的边界都会培育出认同安全文化的志同道合者，他们更愿意避免与自己的部落分开时可能感受到的摩擦。和其他圣殿不同的地方在于，尽管我们应该关心任何领域的包容性，但科技人员施加的影响不成比例，因为他们以完全不同的摩尔速度和规模运作。

任何公司的专业人士的"失误"都可能对许多人产生负面

影响，但计算系统中的"失误"可以在按下按键的几毫秒内影响所有相连的客户。当企业的单一文化偏见成为"失误"的基础时——比如金融部门在一封群发的回复邮件中不加考虑地贬低了所有不知道 EBITDA（息税折旧摊销前利润）含义的人，这可能是不幸的。但是，当一个技术产品团队的偏见被同时部署到数百万名用户身上时——比如屏幕上的按钮标签包含的文字没有考虑非白人男性用户的感受，这个偏见就被推向了新的层次。幸运的是，针对公司的失误时社交媒体的反馈循环是迅速且无情的，但在公司文化的深处还可能存在更严重的"失误"。例如，当多数成员是白人男性的亚马逊人工智能专家团队编写内部招聘工具时，他们利用了更可能由白人男性经理做出的招聘决定的数据，自动将提到上过女子大学或使用"女子"一词的简历判低分。[1]因此，如果我们要真正优先考虑问责制，那么很容易被认为是"计算机程序错误"的问题就需要更多地被当作"文化错误"来考虑。

　　一个失衡的系统将产生失衡的结果。当这种想法应用于科技行业时，我们可以看到在可预见的未来失衡的产品将被生产出来。随着科技圣殿中的参与者以计算机的速度和规模奔跑，我们可以预测失衡的速度和程度将是无可比拟的——而且最终会完全自动化。除了这无益于平等和公正的社会影响之外，从组织的角度来

1　Jeffrey Dastin, "Amazon Scraps Secret AI Recruiting Tool That Showed Bias Against Women," Reuters, October 9, 2018, reuters.com/article/us-amazon-com-jobs-automation-insight/amazon-scraps-secret-ai-recruiting-tool-that-showed-bias-against-women-idUSKCN1MK08G.

看，它代表了实现突破性创新的一个次优途径。[1] 缺乏创新催化剂的千篇一律的文化，是不会让企业实现卓越增长的失败策略。出现欠考虑的"失误"的产品也是企业风险的来源，如果团队一开始就对不同的背景和观点有更大的包容性，那么这种"失误"是可以避免的。一个没有人害怕提出不同观点的工作环境，能最迅速地避免代价高昂的错误。但是，你需要不同类型的人，以倾听不同的观点。

萨拉·沃赫特-伯彻（Sara Wachter-Boettcher）具有里程碑意义的著作《技术上的错误》（*Technically Wrong*）记录了科技行业无意识地让以顺性别白人男性为主的文化偏见影响产品的多种方式。结果，从将用户称为"女孩"的经期应用程序，到向女性推送通知让她们购买情人节礼物去取悦"他"的购物应用程序，应有尽有。[2] 或者当一家流行的社交媒体公司发布的一款实时相机滤镜可以把任何一张脸变成亚洲漫画中的那种斜眼[3]——而就在这件事发生几个月前，它发布的另一款实时相机滤镜可以把浅肤色的脸变黑，这种不可接受的错误导致了公关危机，尽管代价高昂，但仍可能无法吸引做出更好的产品决策所需的招聘投资。因此，可以预测这种情况会继续下去，这是科技行业固有的失衡的自然

---

1 Lee Fleming, "Perfecting Cross-Pollination," *Harvard Business Review,* September 2004, hbr.org/2004/09/perfecting-cross-pollination.

2 Sara Wachter-Boettcher, *Technically Wrong: Sexist Apps, Biased Algorithms, and Other Threats of Toxic Tech* (New York: W. W. Norton & Company, 2018), 31.

3 Davey Alba, "Clearly Snapchat Doesn't Get What's Wrong with Yellowface," *Wired,* August 10, 2016, wired.com/2016/08/snapchat-anime-filter-yellowface.

结果，这也涉及初创企业如何获得资金、受到董事会的管理和监督——这让这些妥协很容易发生。

聪明的是，科技领域中出现了一批务实的商业领袖，他们在采用更具包容性的方法创造产品方面看到了新的机会。他们知道，不能为尽可能多的客户提供服务意味着某种旧世界的无知——这会导致他们失去商业机会。因此，他们正在积极努力，让公司文化多样化以更好地为客户服务，其中一个努力就是解决科技行业的性别薪酬差距问题。[1] 人们有兴趣从狭隘的"文化适应"观念转向将差异视为"文化增量"的观念——把新的声音和思维方式作为积极的设定带入组织。[2] 尽管谷歌在多样性和包容性方面面临挑战——比如解雇了一名在内部备忘录上表达反多样性想法的员工，该公司一直在稳步投资一个被称为"产品包容性"的有前景的领域。[3] 在商业领袖安妮·让-巴蒂斯特（Annie Jean-Baptiste）的领导下，该计划的核心观点是多元化的团队能创造更好的产品。[4] 因此，谷歌正在检查公司的方方面面，从物料和设备的供应商的

1　Courtney Seiter, "Our Latest Pay Analysis: Examining Buffer's Gender Pay Gap in 2019," Buffer, March 29, 2019, open.buffer.com/gender-pay-gap-2019.

2　Stefanie K. Johnson, "What 11 CEOS Have Learned About Championing Diversity," *Harvard Business Review*, August 29, 2017, hbr.org/2017/08/what-11-ceos-have-learned-about-championing-diversity.

3　Jessica Guynn, "Google Gets Tough on Harassment After James Damore Firing Roils Staff," *USA Today*, June 27, 2018, usatoday.com/story/tech/news/2018/06/27/google-toughens-rule-internal-harassment-after-james-damore-firing-roils-staff/738483002.

4　Michelle Darrisaw, "Google's Annie Jean-Baptiste Talks Diversity and Creating Inclusive Products for Under-served Communities," *Essence, May* 14, 2018, essence.com/lifestyle/money-career/annie-jean-baptiste-google-diversity-careers-interview.

多样性到用更多样的表现形式补充图像数据库的"包容性图像竞赛"。[1] 随着消费者不仅在产品质量和生产方式的道德方面，还在与他们做生意或收集了他们的数据的公司的特质方面开始要求更高的标准，我们将看到更多这样积极的努力。

纠正科技行业失衡的挑战，为新的业务增长和颠覆性创新提供了触手可及的机会。考虑到科技教育不平等的深层原因，以及美国跨越几代人的财富不平等的更深层原因，接受这一挑战有时会令人生畏，甚至看起来不可能成功。然而，我越来越乐观，因为我相信最能发挥杠杆作用的起点是让更多的人了解计算的力量——尤其是那些以前对其意义毫不知情的人，因为它存在于一个看不见的宇宙中。不了解它不是你的错，因为你一开始就不可能注意到它。但现在你知道它存在，而且它无处不在。当你想到我们跨越国家、种族、性别、文化、宗教、年龄和社会经济的界限来思考未来的产品和服务时那些无穷无尽、尚未发掘的机会，毫无疑问会有大量创新涌现。在我的商业同事的行话中，这被称为"绿地"或"白色空间"——一个处于发展初期或之前被他人所有的空间，因此新来者仍有机会进入、扩大影响力并创造新的商业机会。

想象通过效仿哈维·马德学院（Harvey Mudd College）的校长玛丽亚·克劳（Maria Klawe）的例子重启科技教育，该学院的

---

1 Tulsee Doshi, "Introducing the Inclusive Images Competition," *Google AI* (blog), September 6, 2018, ai.googleblog.com/2018/09/introducing-inclusive-images-competition.html.

计算机科学课程已经实现了性别平等。[1] 或者想想在大学先修课程的计算机科学考试中女性、黑人和拉丁裔学生的人数破纪录地增加的部分原因，是把考试重点从纯粹的计算机编程转向通过代码解决有意义的问题。[2] 或者想想 WordPress 令人难以置信的多元化学习生态系统，它的开源志愿者网络涵盖了各个年龄段，他们非正式地教彼此如何编写代码和使用数字技术以获得实用技能，为家人提供生活所需。实现这一切唯一需要做的，就是让千篇一律的技术充分利用人类的多样性，这样我们就有可能摆脱以摩尔定律的速度出现的失衡。这听起来不可能？没错。但计算能够实现不可能，如果我们充分利用它的能力，我们人类就可以重新打造一座欢迎所有人的科技圣殿。

2 // 大数据的结论需要与真实人群密切相连的厚数据

鉴于我们可以很容易地部署不完整、可测量的计算产品，我们有机会获得大量数据以确定如何修改和改进这些产品。成功通

1　Kimberly Weisul, "Half of This College's STEM Graduates Are Women. Here's What It Did Differently," *Inc.*, May 31, 2017, https://www.inc.com/kimberly-weisul/how-harvey-mudd-college-achieved-gender-parity-computer-science-engineering-physics.html.

2　Ryan Suppe, "Female, Minority Students Took AP Computer Science in Record Numbers," *USA Today*, August 27, 2018, usatoday.com/story/tech/news/2018/08/27/female-minority-students-took-ap-computer-science-record-numbers/1079699002.

常意味着收集大量的用户数据，这是提高由数据驱动的结论的统计准确性的最佳方式。因此，对于计算产品，我们很容易偏向于笼统地观察数以千计用户的行为，而非有意识地花时间去深入研究少数用户的使用体验。为什么呢？简单来说，考虑到我们今天拥有的计算能力，采取可测量的方法来研究聚合行为要容易得多（因此成本更低）。当你能说出"7.2% 比 1.2%"这样听起来很科学并且令人信服的事实时，你看起来也聪明绝顶。相比之下，通过人类学家开发的方法研究个体行为的技术含量要低得多（因此成本更高）——本质上这就是人种学。在和名叫詹姆斯的非技术客户（他在使用产品的过程中遇到了一些挑战）相处一段时间后能对他遇到的问题有更深入的了解，是具有客户同理心的积极信号。

问题是：与詹姆斯遇到的挑战和他正在面对的障碍相比，以数字数据的形式给出的"科学"回应通常会得到大多数人的认可。因为一个定量的观点看起来就像事实——一个从噪声中提取出来的重要信号，而一个定性的观点看起来就像吵闹的客户，他怎么也"听不懂"并且可以被忽略，因为他不在 7.2% 的范围内。实际上，无论是聚合数据还是个体故事都不构成事实，因为这两种情况都涉及了人。人在本质上是不可预测的，所以任何涉及人类行为预测的事情终究也只是一种猜测。一种猜测是通过定量数据，另一种则是通过定性数据。我们花大价钱购买高质量的猜测，将它们当作降低决策风险的一种手段，但没有任何猜测能 100% 保证是正确的。这就是为什么它是猜测，而不是事实。任何投资者都非常清楚：要想猜得更好，最好的办法是创建一个投资组合，这样赌场里所有的筹码就不会只押在一个猜测上。

在计算时代，收集定量数据已经变得如此轻松，以至今天的挑战之一是让技术人员离开配有巨大显示器和大量零食的站立式办公桌，进行一次老式的、面对面的客户访谈。这之所以相当困难，是因为轻松获取定量数据是计算时代的主要好处和实际结果，所以对每天生活在未来的人来说，这可能像在往相反的方向走。此外，如果每月只需花费 5 美元就可以收集和分析数百万使用你的产品的在线客户的数据，那么每月花费数百美元与客户进行一对一的沟通似乎没有必要地昂贵且低效。借用另一个金融业的比喻，最好的投资者不仅会仔细分析他们参投的基金，还会去基金经理那儿进行实地考察，这是他们作为投资专家的额外尽职调查。因此，如果投资界的尽职调查是业内最高标准，那么时不时与真正的客户交谈也是很有商业意义的。

这是优秀人种学研究的典范：为了理解一种文化现象，你需要尽可能地接近"一手"信息，而不是依赖二手或三手信息。此外，为了真正理解一手信息，你需要花时间去了解和理解它的文化背景。文化人类学家克里福德·吉尔茨（Clifford Geertz）将人种学的终极目标定义为"厚描述"，与"薄描述"相对。[1] 薄描述仅关注浮于表面的细节，而厚描述比直接观察要深入得多，它试图捕捉表面之下的许多层次。

1　Clifford Geertz, *The Interpretation of Cultures* (New York: Basic Books, 1973).

　　例如，根据我的 WordPress 产品工作经验，我知道听到这样的薄描述是很常见的："90% 的人把大部分时间花在查看他们的博客的浏览统计上。"由此得出结论，浏览统计是一个需要改进的重要功能。但是这样的分析很快就会被一名用户的厚描述打断，他会告诉你博客的浏览统计是登录 WordPress 后看到的第一页，因为统计页面显示的浏览量为零，所以他没有动力继续使用博客。因此，问题不在于改善浏览统计页面，而在于让博主写出能增加浏览量并建立读者群的内容。人们很容易让听起来令人印象深刻的聚合数据成为有说服力的行动理由，而忽略了更严重的潜在问题。因此，在面对定量数据时，重要的是了解科技人种学家特里西亚·王（Tricia Wang）所说的"厚数据"，与"大数据"相对。[1]收集厚数据需要时间，而对其进行充分解释则需要更长的时间。你需要沉浸在收集到的厚数据中，以充分捕捉你的人类同伴的上下文，否则这份额外投资将收效甚微。量化处理大数据的诱惑和便利会不断地把你从理解厚数据所需的时间投入中抽离出来。

　　作为一个忙碌的人，我承认我喜欢躲在电脑屏幕后面，坐在舒适的工作椅上，因为这样可以高效地完成很多工作，而且自己的节奏不会受到周围环境的干扰。但是，自从我受 Intuit 的创始人斯科特·库克（Scott Cook）"与客户一起回家"（早在第一次推出 Quicken 的时候，他就会看着客户安装和运行软件系统）的

1　Tricia Wang, "Why Big Data Needs Thick Data," *Ethnography Matters* (blog), January 20, 2016, medium.com/ethnography-matters/why-big-data-needs-thick-data-b4b3e75e3d7.

习惯的启发，开始积极地与客户面对面工作以来，我就意识到这些时间是非常值得投资的。这提高了你为客户服务的风险。这可能是一件非常不舒服的事情，因为你很快就会知道你做出的产品决定让其他人失望了。当你亲自收集厚数据时，要小心自己很容易产生偏见，认为一个客户的问题代表了所有客户的问题。现在，你已经接受了不完美，请放手去做吧。

我对"深入收集厚数据"的一个建议，是尽量不要把注意力放在你的客户在你的系统中面对的具体问题上。而是要牢记他们希望与你合作的总体目标。例如，我记得 20 世纪 90 年代，日本的复印机制造商设计了复杂的用户界面来处理卡纸问题，却被那些为了更好地共享信息而采用无纸化模式的组织打了个措手不及。我把这比作我们在客户支持中遇到的"爆胎"情况，因为经常遇到"爆胎"，我们会立即想把所有时间都花在制造一个不会爆胎的轮胎上——或者更常见的做法是变得非常擅长修理爆胎。与此同时，我们可能会忘记思考客户一开始想去哪儿——我们应该问："客户的目的地在哪里，与之关联的希望和梦想又是什么？"通过从作为厚数据背后的驱动力的动机问题出发，当你沉浸在一手信息中时，你将更有策略。请记住，你要寻找的是图表和数字无法捕捉到的有人情味的微小细节，所以，试着依靠你的嗅觉和感觉能力，去做人工智能做不到的事。

我在大学时就学到了这一课程的一个版本。当时，我作为麻省理工学院人工智能实验室的一名本科研究员，为数字设备公司（Digital Equipment Corporation）的一位访问工程师工作，直到它和许多早期计算公司一样消失了。她给我讲了一个令人难忘的故事：一家大型汤品公司投资了一大笔钱来创建一个"专家系统"（第一代人工智能），用来在工厂里和人类操作员一样煮汤。这家公司的问题是他们最好的操作员都在变老，他们不知道这些员工最终退休后该怎么办。因此，他们仔细观察了这些煮汤的前辈，并将所有的行为和思维方式编码为 if-then 规则。终于有一天，工厂启动了这个天然酵母式人工智能系统并制作了一些汤。但结果令人失望——事实上，汤太难喝了。当时我对专家系统非常着迷，对这个失败感到震惊，所以我问这位访问工程师是否找出了原因。她说："原因其实非常简单有趣。他们请一位老前辈解释为什么汤的味道不好。他走上前来，弯下腰，狠狠地在汤碗边嗅了几下。他的回答是：'这汤闻起来不对劲。'"我喜欢这个例子，因为它放到今天依然适用。事实上，复杂的系统有许多难以捉摸的方面，即使用最先进的计算技术也很容易忽略它们。身为人类还是挺酷的，人工智能们滚蛋吧。

所以，当你的鼻子指向未来时，请记住这三个总是让我陷入麻烦的陷阱。随着你在计算能力和设计审美上日渐熟练，你自然会与它们发生碰撞。而且，只是通过和我一样变老，你也可能会开始相信自己的唠叨。我会简要概括，以便你快进到本书的结尾，据我所知你也快看完了！

1. 像传统工程师那样思考，相信只有一种方法可以把它造好。亨利·福特是一个传统工程师，他相信每个人都想要一辆简单、实用、漆成黑色的 T 型车。通用汽车公司的阿尔弗雷德·P. 斯隆（Alfred P. Sloan）认为应该有不同类型的汽车以满足不同类型的人的需求。由于拥有更好的嗅觉，通用赢了，福特输了。

2. 像传统设计师那样思考，相信所有人都会赞同并适应你的解决方案。精英机构秉持的标准作为传统设计世界的文化指南针，由主观决策和无形的财富网络撰写，它们推动了什么该被记住，什么该被遗忘。设计圣殿里关于"天才设计师"的故事并不是通向成功的可靠途径——它很诱人，但也很愚蠢。少用这种嗅觉。

3. 像高级领导那样思考，相信过去行之有效的方法显然还会适用。我曾经训练自己及时阻止自己说出下面这些话："当年我在 X 公司时做了 Y，现在咱们面临的问题和 Y 完全一样。我知道如何解决这个问题。跟我走就对了！"这么做是因为我知道我们生活在计算时代，不能指望十年前可行的方法现在也适用。这就是企业家巴里·奥莱利（Barry O'Reilly）所说的，要严格地从过去的成功中"解脱"出来，否则你将错过新的成功。[1]因此，当有疑问时，去换一个全新的鼻子吧。

---

1 James Gadsby Peet, "Great Leaders Know When to Unlearn the Past," *Mind the Product* (blog), November 20, 2018, mindtheproduct.com/2018/11/great-leaders-know-when-to-unlearn-the-past.

我们可以通过关注工作中人的因素来着手解决已经渗入技术领域的许多失衡。计算机器是模仿大师，在模仿的基础上被定量数据驱动。因此，我们需要注意自己完全正常的"人性"：依赖我们通常的偏见，也就是"智慧"。如果我们不能用更多的定性数据来平衡所有的定量数据，那么计算时代将很容易对我们所有人产生不利的影响。所以，从现在开始扩宽你的数据组合吧。像一个比一般人更聪明的老板那样投资。尽可能多地收集与你不同的人的观察结果[1]——因为当你拥有最多样化的数据源时，三角测量法[2]的效果最好，你可以利用这些数据源来反复调整基于数据的猜测。我们生活在一个需要你全面感知并用心好奇的时代，而不仅仅是试图保护你的鼻子免受偶尔令人不快的浓重气味的影响。去深入收集厚数据，去深吸一口气吧。

3 // 我们应该期待人工智能和我们一样愚蠢

当谷歌的联合创始人充满激情地谈论他对人工智能可能带来

1　Rochelle King, Elizabeth Churchill, and Caitlin Tan, *Designing with Data* (Sebastopol, CA: O'Reilly Media, 2017).

2　"三角测量"这一术语源自几何学，它指的是根据已知的点向未知的点构建三角形的方式来确定该点的位置。在社会科学领域，三角测量指采用多种调查方法来研究同一种现象（例如访谈或定量调查）。译者注。

的影响的担忧时，这不仅仅是一种提振谷歌股价的策略。[1] 这是因为那些了解摩尔定律力量的人知道一些普通人不知道的事情。哈佛学者吉尔·莱波尔（Jill Lepore）这样评价美国政治的转型：

> 身份政治相当于市场调研，自20世纪30年代以来一直在推动美国政治。像脸书这样的平台所做的，是将它自动化了。[2]

这段话的关键词是"自动化"——因为机器循环运转，机器变得更大，机器是有生命的。这跟转动手柄让塑料玩具移动不一样。这更像按下一个按钮，看着玩具站起来，向你挥手，然后开始回复你余生收到的所有电子邮件。当一个年轻人在镜头前说剑桥分析公司和脸书联手影响了2016年美国大选时，我们看着他，心想这是不可能的。因为世界上不可能有那么多能够以足够低的成本处理数百万条信息的人类工作者。但你现在意识到了计算的存在，并且明白当下与哪怕是最近的过去（仅仅一年多以前）都有明显的不同。

摩尔术语中的自动化与用来洗衣服的简单机器或在地板上

1　James Vincent, "Google's Sergey Brin Warns of the Threat from AI in Today's 'Technology Renaissance,'" *The Verge*, April 28, 2018, theverge.com/2018/4/28/17295064/google-ai-threat-sergey-brin-founders-letter-technology-renaissance.

2　MIT Media Lab (@medialab), "Identity politics is market research, which has been driving American politics since the 1930s. What platforms like Facebook have done is automate it. -Jill Lepore #MLTalks," Twitter, April 24, 2018, twitter.com/medialab/status/988866580498051072.

横行的吸尘器非常不同。它是横跨我们生活的各个方面的摩尔级规模的处理网络，承载着我们的数据历史的总和。当我们想到所有这些数据都充满了偏见，在某些情况下这些偏见持续了几个世纪时，我们的想法很快就从惊奇变成了担忧。结果是什么？我们得到了告诉我们哪里会发生犯罪的犯罪预测算法，所以警察被派往历史上犯罪率高的社区——也就是贫困社区。[1]我们得到了像COMPAS这样的罪犯判决算法，这些算法可能会对黑人被告更加严厉，因为它们基于过去的判决数据和偏见。[2]当被问及人工智能及其影响时，喜剧演员 D. L. 修利（D. L. Hughley）乐观地回答："你不可能教会机器种族主义。"[3]不幸的是，他的判断是不正确的，因为人工智能已经从我们这儿学到了种族主义。让我们再次回顾新形式的人工智能与过去的人工智能有什么不同。过去，我们会定义不同的if-then模式和数学公式来描述输入和输出之间的关系，就像在微软 Excel 电子表格中那样。当推理出错时，我们会查看编码的 if-then 逻辑，看看是否遗漏了什么，并且（或者）查看数学公式，看看是否需要额外调整。但在机器智能的新世界里，你

1　Daniel Cossins, "Discriminating Algorithms: 5 Times AI Showed Prejudice," *New Scientist,* April 12, 2018, newscientist.com/article/2166207-discriminating-algorithms-5-times-ai-showed-prejudice.

2　Jeff Larson, Surya Mattu, Lauren Kirchner, and Julia Angwin, "How We Analyzed the COMPAS Recidivism Algorithm," ProPublica, May 23, 2016, propublica.org/article/how-we-analyzed-the-compas-recidivism-algorithm.

3　*The Fix*, Season 1, Episode 3, "Let's Fix Artificial Intelligence," Netflix, imdb.com/title/tt5960546.

把数据输入神经网络，然后一个神奇的黑匣子就诞生了：你给它一些输入，输出就会神奇地出现。你无须明确地编写任何程序就造出了一台智能机器。当你能给它提供大量数据时，你就能在"机器智能能用较新的深度学习算法做什么"方面取得巨大飞跃——随着数据量越来越大，其结果也会显著地变好。[1]

机器学习以过去为基础。因此，以前没有发生过的事情未来也不会发生——这就是为什么如果我们继续保持相同的行为，人工智能最终会自动化并放大已有的趋势和偏见。换言之，如果人工智能的主人不好，那么人工智能就不会好。但是，当系统在很大程度上像新的人工智能那样自动运行时，媒体的强烈反对是否会将"失误"归咎于人工智能而非人类呢？我们决不能忘记一切错误都可归咎于人类，当我们开始纠正这些错误时，机器更有可能观察我们并向我们学习。但它们不太可能自己做出这些纠正，除非它们已经接触到足够数量的人类设定的例子，这些人可以提供正确的纠正行为数据来重新平衡它们的数字大脑。

在这个机器智能时代，一个恰当的比喻是孩子会不可避免地模仿父母的行为。很多时候，无论他们多么努力变得不一样，他们仍然无法控制自己变成像父母那样的人。过去，通过编写计算机程序来解决一个复杂的问题可能需要几个月或几年的时间。而现在，只需输入过去的数据，机器智能就可以迅速变出一台等效

1　Joel Hestness et al., "Deep Learning Scaling Is Predictable, Empirically," Baidu Research, December 2017, arxiv.org/pdf/1712.00409.pdf.

的计算机器，并根据这些数据对过去的行为进行建模。

将过去的结果自动化可以立即发生，而且人为干预越来越少。因此，与其想象我们产生的所有数据在谷歌某个巨大房间里被打印出来，有 20 名员工跑来跑去，试图交叉引用所有这些信息，不如想想机器如何循环运转，变得更大，如何具有生命。这种计算能力的合理结果——数以亿计的机器僵尸大军正在崛起——将不知疲倦地吸收我们产生的所有信息，指数级提高复制我们的能力。人工智能做坏事时不应该受到指责。我们才是它们为我们服务时所做的一切事情背后的罪魁祸首。

随着像脸书这样的系统开始具有改变个人行为的能力，我们正在接近我们该如何与计算系统共存的关键时刻。[1] 如果我们把自己暴露在被设定为性别歧视、厌恶女性、厌恶同性恋、种族主义等的技术面前，我们不应该在看到像《华尔街日报》(*The Wall Street Journal*) 的 "蓝信息流，红信息流" 这样的东西时感到惊讶，它展示了脸书将你标记为自由派或保守派时你分别会看到什么。[2] 你看到的是今天你很容易成为的人。试着看看坐在你旁边的陌生人的信息，你会发现他们的网络现实可能与你的截然不同。这是因为今天我们看到的是我们自己 "想要的" 新闻——我们通过确认我们眼中的真相得到愉悦的刺激，这样可以证明自己有多

---

1 Adam D. I. Kramer, Jamie E. Guillory, and Jeffrey T. Hancock, "Experimental Evidence of Massive-Scale Emotional Contagion Through Social Networks," *PNAS*, June 17, 2014, pnas.org/content/111/24/8788.

2 "Blue Feed, Red Feed," *The Wall Street Journal*, graphics.wsj.com/blue-feed-red-feed.

聪明：我有《每日一我》，你有《每日一你》。然后，当我们偶尔遇到"反对的观点"时，我们别无他法，只能假设对方的观点与自己的观点相比是无知的。与此同时，机器持续向我们提供这些信息，因为是我们给它们设定了这样做的程序。它们在观察我们对收到的信息的积极或消极反应，并反过来学习人类个体善与恶的极限。

但是，制造对人类经验有更广泛理解的计算机器还不算太晚。我们可以通过更好地了解我们自己来轻松开始这个过程——就在我深入挖掘"包容性设计"的世界时，这段旅程正在我的脚下展开。这种利用多样性的方法是制造更好产品的关键。我很尴尬地承认一开始我并不完全理解为什么这个领域让我如此感兴趣，但后来我意识到这是因为我嗅到了一丝信号。计算设计的兴起及其带来的不可思议的商业价值，也以某种处于这一切中心的个人和公司都无法立即意识到的方式造成了失衡。工业酵母人工智能没有气味的事实让我感到非常困扰。

幸运的是，有些变化正在包容性设计专家凯特·霍姆斯（Kat Holmes）的带领下发生，她在微软工作时构思的想法正通过她于 2018 年出版的《误配：包容如何改变设计》（*Mismatch: How Inclusion Shapes Design*）传遍世界。在这本书出版的前一年，我第一次接触到她的作品，并在刚起步的"设计技术报告"中进行了介绍。[1] 现在，她在谷歌领导用户体验设计，准备以我很希望变成现实的方式重塑云计算。霍姆斯关于解决失衡问题的三条设计原则简单到可以付诸实践，但也深刻到需要用一生去熟练掌握：

1. "能识别排斥性的存在。"要有意识地注意到一个人或一群人遭到排斥的情况。在这样做的时候，你需要有意识地进入不舒服的情境，但想想那些被排斥的人早就感到不舒服了，你就会觉得这是一件简单的事情。

2. "向人类多样性学习。"深入收集厚数据，走进与你的文化不同的社区和文化。这意味着你需要离开安全舒适的家或工作场所，将自己置于危险或不适之中——这在一开始是很难做到的，但你的投资回报率会很高。

3. "从解决一个小问题出发，扩展到解决大规模发生的问题。"制订打破偏见并帮你找到新市场的解决方案。创新是实现增长的关键，创新就是将新的视角引入现有问题，当引入只有通过不同视角才能看到的全新问题时，创新会更有成效。[2]

凯特·霍姆斯的框架有助于打乱我们倾向于排斥的天生偏见，

---

1 John Maeda, "Design in Tech Report 2017," SXSW, March 11, 2017, designintech.report/wp-content/uploads/2017/03/dit-2017-1-0-7-compressed.pdf.

2 Kat Holmes, *Mismatch: How Inclusion Shapes Design* (Cambridge, MA: MIT Press, 2018).

凭借的是集中、专注和深化我们想要为自己设计的解决方案的积极意图。任何让我们感觉舒服的东西都会充满偏见。因为计算是由技术人员搭建的，我们可以预测它会充满技术人员的偏见。计算并不是唯一充满偏见的媒介。在数码相机出现之前有化学摄影技术——这种技术被调为浅肤色专用。或者想一想：如果你让设计圣殿的一个信徒列举十位包豪斯大师的名字，他肯定会列举十位男性——尽管包豪斯学派中一半是男性，一半是女性。或者看看女性导演的电影数量，看看《财富》500强公司的首席执行官中有多少人是女性或明显的"非白人"。计算有什么不同？你知道答案——它并不完整。我们可以重塑它。我们可以改进它。我们只是需要马上开始。

4 // 开源是通过计算设计公平的一种手段

凯特·霍姆斯经常指出"排斥"（exclude）这个词的起源：它源自拉丁语 excludere，其中 ex 意为"出去"，claudere 意为"关闭"。在人类世界里，这意味着将一群人拒之门外，可除了这群人之外的所有人都可以进入这个特殊的俱乐部。我们很难用更积极的方式来解读排斥，因为它的本质是不公平的——如果你曾经感到被排斥或被"拒之门外"，你就会理解这一点。但从商业的角度来看，排斥是完全可以理解的，因为在竞争激烈的时候，拥有"不公平的优势"被认为是制胜武器。拥有竞争对手没有的东西，会激励你把他们拒之门外，并采取计算世界中所谓的"封闭"方法。

制造封闭系统在工业中是一种常见做法，因为一旦成功，它就能提供可以实现完全控制的宝贵能力。在 1984 年推出第一台 Macintosh 计算机时，苹果公司采用了著名的封闭式计算系统，它不像当时的竞争对手 Wintel PC 那样易于扩展。因此，苹果能够以其他计算机品牌无法做到的方式无死角地控制用户体验。这种封闭系统的策略后来在苹果推出 iPhone 时再次发挥作用，剩下的事情尽人皆知。与此同时，一个名为安卓（Android）的新兴移动操作系统项目选择了一条不寻常的道路，将它所有的计算机代码（"源代码"）公开。如今，搭载安卓系统的设备比搭载苹果操作系统的设备多。[1] 到 2019 年，苹果公司做法的效力开始减弱，该公司正被迫参与自己的封闭世界之外的世界。它不公平的优势正在消失吗？

"开源"（Open Source）是任何人都可以出于自己的目的进行修改的开放计算机代码的官方术语。它与"拒之门外"相对立——相反，它接纳任何人和所有人。著名的开源项目包括 Linux 操作系统（安卓系统就是在此基础上建立的）、火狐浏览器（一款流行的网络浏览器）、WordPress（全世界超过三分之一

---

1 Tripp Mickle, "Apple TV on a Samsung? iPhone Giant Makes Risky Jump to Other Devices to Sell Services," *The Wall Street Journal,* March 26, 2019, wsj.com/articles/apple-tv-on-a-samsung-iphone-giant-makes-risky-jump-to-other-devices-to-sell-services-11553629788.

的网络流量的网站管理系统）和 PHP（支持 WordPress 的流行计算机语言）。

"开源软件"这个词由克里斯汀·彼得森（Christine Peterson）在 1998 年创造，她的目的是更好地体现其内在的社群价值观，与当时意味着较低质量的流行术语"免费软件"相对。[1] 通过我在 Automattic 的工作，我有机会直接接触 WordPress 社群，我在一生中从来没有遇到过如此热情、包容、来自世界各地的一群人。随着时间的推移，我逐渐意识到 PHP 在 WordPress 社群中代表着"人与人之间互相帮助"（People Helping People），因为每个本地社群都欢迎任何想学习计算的人，而作为贡献者参与其中不需要任何附加条件或费用。在开源中，软件不仅仅是代码，还是社群。

相比之下，"闭源软件"是大多数你每天都用的应用程序和服务。你永远无法检查编程代码到底在做什么，就算你想让它以不同的方式工作，你也不可能对软件本身进行修改。这包括脸书的应用程序，以及你的手机、台式电脑和网络上运行的大多数东西。不过，即使你可以访问所有应用程序的源代码，这也不代表你能即刻理解其中的内容。对像 WordPress 这样复杂的开源系统来说也是如此。但是，事实是脸书的应用程序让你失去了窥探内幕的机会，而如果你想更改程序的任何方面，WordPress 在源代码级别上是完全包容的。

---

1 Christine Peterson, "How I Coined the Term 'Open Source,'" Opensource.com, February 1, 2018, opensource.com/article/18/2/coining-term-open-source-software.

思考闭源和开源之间的区别的另一种方法，是考虑"合作"和"协作"之间的差异。[1]合作是指与另一方保持一定距离，而协作是指手挽手拥抱彼此。协作相比合作的优势在于，各方都做出了不同程度的妥协，共同努力，互利共赢。在缺乏协作能力的情况下，今天的政府控制科技圣殿的唯一办法就是试图对其进行监管。有趣的是，如果科技圣殿的所有软件都是完全开源的，那么政府就没有必要采取目前的行动来对付它们。为什么？因为这样我们可以检查源代码是否违反了今天我们所有人都关心的议题，比如了解他们正在用他们收集的关于我们的数据做什么。当没有不透明的墙把其他人拒之门外时，作恶就更不容易了。开放系统方案是政府监管的另一种选择，因此我希望当像你这样能与机器沟通的政治家当选时，我们会更经常地看到这种方案。也许是时候让你去参加竞选了？我在此为你公开一个"开放"的竞选口号："开放促进公平，自然而然。"

开源有一个缺点：在任何地方都无法保存秘密。在一个人人都寻求协作和不作恶的世界里，完全透明可能意味着"分享就是爱"和持久的和谐。然而，总有一些坏人想方设法地操纵局势，使之对自己有利，个中原因只能解释为人性。因此，开源也并不总是正确的选择。例如，你永远不会发布可以轻松访问自己所有

---

1 Olga Kozar, "Towards Better Group Work: Seeing the Difference Between Cooperation and Collaboration," *English Teaching Forum* 48, no. 2 (2010): 16–23, americanenglish.state.gov/files/ae/resource_files/48_2-etf-towards-better-group-work-seeing-the-difference-between-cooperation-and-collaboration.pdf.

财务信息的个人电子银行系统的源代码。如果分享行为能让其他人为自己开发类似的系统，那么开放源代码的做法可能值得称赞，但可以肯定的是，如果你的源代码里包含敏感信息（比如银行账号和密码），那么你所有的钱很快就会消失。或者，如果脸书的算法都是开源的，那么不怀好意的一方就可以重写时间线代码，轻松操纵你的时间线。当然，总有一些竞争优势可以证明为什么一个企业想要保持其代码的私密性：保持他们相对竞争对手的不公平优势。

尽管如此，企业正在意识到开源的价值。微软收购了世界上最大的开源软件开发社区 GitHub，此举震惊了全世界。[1] 要理解这一收购的规模，你只需要向你的程序员朋友打听一下——有些人甚至可能不知道微软收购了 GitHub，因为微软选择不改变也不重塑它目前的运作方式。除了安卓系统，谷歌的另一个开源例子是 Chrome 网络浏览器，它在一个开源引擎上运行。现在，任何人都可以在其基础上制作网络浏览器——甚至微软也宣布将改用 Chrome 的引擎。[2] 与此相关的是，苹果的网络浏览器 Safari 是一个开放／封闭混合系统：它与谷歌的开源引擎有相同的血统，但

---

1 "Microsoft to Acquire Github for $7.5 Billion," Microsoft, June 4, 2018, news.microsoft.com/2018/06/04/microsoft-to-acquire-github-for-7-5-billion.

2 Tom Warren, "Microsoft Is Building Its Own Chrome Browser to Replace Edge," *The Verge*, December 4, 2018, theverge.com/2018/12/4/18125238/microsoft-chrome-browser-windows-10-edge-chromium.

代码的其余部分不对公众开放。[1] 在你的产品中使用开源内容时，一定要检查授权条款——有些条款允许你不受任何限制地使用代码，而另一些则要求你在使用他们的代码时公开分享你写的那一部分代码。前者通常被称为"麻省理工学院授权条款"，它能给你很大的自由；后者是"GNU 通用公众授权条款"，它能给予他人很多自由。

让我们不要忘记另一种编程，它与可共享的计算机代码关系不大——我想说的是工业酵母人工智能编程。较新的机器智能系统不是由可读的计算机代码组成的，而是被包装成含有数字和数据的不透明的黑匣子，没有清晰的逻辑流程。我们一直担心这些方法过于复杂，以至于我们并不清楚它们是如何工作的——它们本质上就是一堆原始数字，因此人类无法读懂它们。这些系统严格的封闭性——它们的偏见基于投喂给它们的训练数据——触发了需要解决其内在不透明性的警报。现在出现了新的计算方法来检查这些不透明的人工智能[2]，使它们表现得更像"灰匣子"[3]，以便我们更深入地了解它们的工作原理。就算我们无法弄清楚它们是

1　Clint Ecker, "Apple Opens WebKit CVS Repository," *Ars Technica*, June 7, 2005, arstechnica.com/gadgets/2005/06/470.

2　Sandra Wachter, Brent Mittelstadt, and Chris Russell, "Counterfactual Explanations Without Opening the Black Box: Automated Decisions and the GDPR," *Harvard Journal of Law & Technology* 31, no. 2 (2018), papers.ssrn.com/sol3/papers.cfm?abstract_id=3063289.

3　Yury Makedonov, "Improved Testing of AI Systems with 'Grey-Box' Testing Technique," STARCANADA Conference, October 17, 2018, starcanada.techwell.com/program/concurrent-sessions/improve-testing-ai-systems-grey-box-testing-technique-starcanada-2018.

如何工作的，也有人在努力让人工智能开始质疑为什么它们被告知要做某事，这样它们就可能建立一种相当于道德意识的东西。[1]我们应该期待并要求在理解人工智能和向人工智能传授道德伦理方面更多的努力，而不是一味引导机器永无止境地循环下去直到成功。

老实说，随着人工智能正在成为大众媒体越来越多地谈论的话题，人们很容易对它感到恐惧。我们很快会听到这样的新闻：一台清洁机器人拒绝听从你的命令，一个由应用程序启动的起搏器敲诈你，或者一个网络犯罪集团用一个你无法控制的机器人取代了你的互联网分身——尽管这一切还没有发生，但基于现有的技术这一切完全是可以实现的。如果这样的灾难真的发生了，要记住计算目前只是这两种东西之一——可读的源代码或充满数字的黑匣子，就像天然酵母或工业酵母。两者都是由人类制造的，就好像 if-then 逻辑语句或由数据驱动的黑匣子，它们要么是公开分享的，要么隐藏在封闭的门后。

当它们是开放技术时，我们就有机会一起分享、协作和学习。而当我们与开源代码的联合创作者有相似的价值观时，我们对技术的恐惧就会减少。如果你加入了一个开源社群，你会受到其中所有人的影响，觉得自己有责任做正确的事情。大多数社群不要

1　Kevin Hartnett and Quanta, "How a Pioneer of Machine Learning Became One of Its Sharpest Critics," *The Atlantic,* May 19, 2018, theatlantic.com/technology/archive/2018/05/machine-learning-is-stuck-on-asking-why/560675.

求你是专业的计算机程序员，即使是最初级的"能和机器沟通的人"也非常受欢迎。如果你想加入众多的开源社群之一去提高与机器沟通的能力，我在 howtospeakmachine.com 上整理了一份清单。为什么你要参与其中？因为开放促进公平，自然而然。

5 // 关心人类

2015 年 12 月 6 日凌晨四点刚过，我在帕洛阿尔托的埃尔卡米诺大道上慢跑。对我来说，这不过是又一次晨跑——不太冷，也不太热，干燥，安全，沿着我熟悉的路线进行。当时我在想早上六点跑步结束后要打的电话。路上没有汽车，但当我穿过一条六车道公路上的人行横道时，信号灯开始闪烁，于是我加快了速度。公路的对面和往常一样漆黑一片。在红灯亮起之前，我穿过了街道，这让我有种胜利的感觉。就在此时，我的右脚踩到了人行道的边缘。

于是我被绊倒了。

我摔在人行道上，脸、胳膊和膝盖悉数着地，我的脑袋嗡嗡作响。四周仍然很安静，天还很黑，没有其他人。我用左手摸了摸脸，感觉是湿的，我很快就猜到自己在流血。我的右手不能活动，我很快意识到右肘出了问题，因为它伸不直。我感觉我的手肘有点像小块的乐高积木。我被吓到了。

　　几辆车匆匆驶过。我穿着一件创业公司的黑色文化衫，没有带手机、钱包和身份证件，只戴了新买的苹果手表来测步数……但它是第一代，还无法替我求救。我开始因震惊而发抖。我知道此刻我需要回到爱彼迎的住处——大约在十个加利福尼亚街区之外。街上没有其他人。我也觉得没有人会帮助我，因为我穿着一件深色的连帽衫，脸上在流血，说实话……哪个匆忙的上班族会愿意停下来帮助这个刚从恐怖片中走出来的生物呢？当我抬头望向黑暗的天空时，我感到一种奇怪的轻松，因为我意识到自己是多么微不足道——我只是星球表面的一个随机生物，并不比任何人更重要。这是一种奇妙的谦卑感。我在痛苦中感觉很平静。

　　我在麻省理工学院受过训练的工程师脑袋忽然灵光一现。不知怎的，我把自己想象成了一台火星自动探测器，我有几个零件坏了，需要回到基地进行维修。工程师们很清楚这些设备配备了许多冗余系统以防任何系统出现故障。因此，我想象一定有某种方法可以让自己回到爱彼迎的住处。这种"成为机器"的心理意象帮助我完全忘记了疼痛。肾上腺素可能也起了作用。

　　我很快意识到自己走不了几步就会晕倒，所以我干脆站起来，走几步然后躺回到地上。我以这种方式前进。当我开始离开埃尔卡米诺大道宽阔的混凝土弯道时，把脸贴在邻居家草坪上的那种柔软、放松的感觉让我有动力继续前进。

　　幸运的是，我回到了爱彼迎的住处，拿起手机给我的助手打了个电话，找到了最近的医院的地址，试图清理一些血迹，然后叫了辆优步。当我在凌晨五点半左右到达急诊室时，有人递给我一块写字板和一支铅笔。我右臂骨折了，而我是个右撇子，但我很快就试着用左手努力适应，以二年级学生的笔迹填写了表格。

我在一间治疗室里焦急地等了大约一个小时，一心想见医生。终于，一个长得像医生的人走了进来，看着我被撕裂的脸、破裂的门牙和上唇。他说："你看起来很糟糕！"看到他对病人是如此态度，我觉得他不可能是医生，但也不敢确定。他接着说："你能动一下脖子吗？"我照做了。他带着严肃的表情，感叹道："你很幸运！"那一刻，我立刻感到如释重负。我赞同地说："我很幸运！"我心想，如果脖子不能动，那该有多糟糕——我可能会被困在人行道上无法行走。那样我就会变成一台完全坏掉的机器。我非常感激这一切。然后他给我的脸缝了针。

半小时后，一名护士走了进来，他看着我，问道："发生了什么事？"

我回答："我在慢跑的时候被绊倒了。"

他用一种严肃、责备的语气说："锻炼对你没有好处。你难道不知道吗？"

我试着微笑，但缝合后的麻醉让我笑不出来。

他接着问："你当时是穿了荧光背心还是带了盏灯？"

我回答："都没有。"

"你很可能被车撞啊！"

当我想到这一点时，又一阵喜悦闪过。是的，我真的很可能会被车撞。两年来，我一直穿着全黑的衣服在黑暗的清晨慢跑——事后看来这似乎很愚蠢。由于自己的粗心大意，我可以很容易地想象自己被硅谷那些常见、快速（而且无声）的电动车撞倒。想到这，我感到更加欣慰！

第二天，当我被推入手术室，麻醉刚开始起作用时，我顿悟了。就在我开始看到粉红暮色送我进入梦乡时，我猛地意识到计算时代需要着手解决技术和人类之间的失衡问题。

尽管我的康复之路涉及了大量技术，但正是我宗教般的觉醒时刻促使我仔细关注我身边的所有人。因此，我没有对正在修复自己的最新技术感到惊讶，而是观察了许多与机器一起工作的富有同情心的人类。医生、护士、技师、接待员、手术后照顾我的爱彼迎房东贝蒂和本尼、清洁工、餐饮服务人员、帮助我把卷筒包搬到头顶的行李架上的空乘人员，以及一大批最终让我重返工作岗位的与机器无关的人员。我也意识到了那些间接影响了我的人，比如所有我从未见过的工程、设计和产品人员，以及所有运送了用来修复我的机器（和零件）的隐形团队。我的康复前前后后花了 10 个月的时间，绝对不是以摩尔速度进行的。但我愿意再来一次，因为这段旅程是绝对值得的。

认识到自己的人性，同时也认识到他人的人性，是科技无法给予你的礼物。我不希望任何人生病，然而每当有人问我为什么这么在乎包容时，我就建议他们试试打碎自己的一块骨头。他们的回答通常是礼貌的"不了，谢谢"。然而，我还是会坚持让他们这样做，因为这使我充分认识到自己被赋予和赢得的特权。在我的康复过程中，我常常感到一种压倒般的幸运：能出生在这样一个家庭，父母牺牲了他们的一切，为了让我能够去像麻省理工学院这样特殊的地方学习我需要知道的关于机器的一切。他们从未有过像我这样拥有特殊社会地位的人能够享有的医疗保障——找到这种感激之情，以及随之而来的对我们身边人和使我们能够成为现在的模样的那些人的责任感，是我牢记在心的使命。

我猜这是我想留给你们的最后一个想法，因为现在你知道了如何与机器沟通，你要带着新获得的语言技能出发了。作为一个计算思考者，永远不要忘记：关心人类。我们是开创了计算时代的人。我们正在努力理解这对今天不完整且可测量的计算产品和服务来说意味着什么。如今，我们比以往任何时候都更需要包容性地思考和工作，以便直接着手解决那些如果我们不去有意识地开辟新路径，就会自动化的失衡问题。

这一切都回到了合作和协作的区别上：

合作	协作
= 一起独立地工作	= 一起互相扶持地工作

合作比协作更容易，因为合作不需要深入了解对方。在计算机发展的大部分阶段，大多数人一直在学习如何应对不知何故在不断变化的机器并与之合作。与此同时，在硅谷之类的地方，相对较少的计算思考者却一直在以摩尔速度与潜伏在云中的全知者协作。我们不得不相信他们都能代表全体人类进行良好的协作。

也许在读完本书之前，你无法轻松与计算机协作，或者直接与它们的人类协作者共事。这是可以理解的，因为你还没有花时间去参观它们无形的宇宙，了解它们的历史、习俗和规范。你完全不懂机器的语言。但现在你懂了，哪怕只懂了"一比特"。

我们的机器循环运行。我们的机器在无限大和无限小的尺度上运行。我们的机器是有生命的。我们的机器是不完整且不完美的，和我们一样。我们的机器被测量的次数越来越多，并且知道我们在做什么。

我们的机器在我们的监督下在全世界范围内让失衡自动化。关注机器。关心人类。让我们出发吧。

致　谢

　　本书献给我的父母，伊琳娜·前田佑美和前田洋次。如果没有他们设法攒够钱给我买一台计算机，我就永远不会有机会像现在的我这样了解它。

　　编辑尼基·帕帕多普洛斯（Niki Papadopoulos）给了我写这本书的许可和鼓励——对此我深表感谢。尼基为我提供了心理上的安全空间，让我可以充分探索你在本书中读到的想法。雷夫·萨加林（Rafe Sagalyn）的远见卓识始终伴我左右，劳拉·帕克（Laura Parker）是我一路走来的写作导师。丽贝卡·肖恩塔尔（Rebecca Shoenthal）与 Portfolio 出版公司的工作人员一起，满怀热忱地把整个项目推进到终点。我很感谢整个团队，他们把这本书以你现在读到的形式呈现给你。我要特别感谢本书的技术审稿人：凯文·白求恩（Kevin Bethune）、特雷西·周（Tracy Chou）、马丁·埃里克森（Martin Eriksson）、亚历克西斯·劳埃德（Alexis Lloyd）、罗谢尔·金（Rochelle King）和特蕾莎·奥斯汀（Theresa Austin）。他们都帮我找到了我散落在手稿中的许多错误。

在我以人文主义者的身份理解计算的道路上，有些人的想法和鼓励对我影响深远。他们都是我在麻省理工学院的时候遇到的英雄，在很多情况下，我因有他们作为导师而感到幸运。我不知道你们是不是也有这样的感觉：随着年龄的增长，你曾经仰慕的人似乎都消失了，比如穆里尔·库珀（Muriel Cooper）、保罗·兰德（Paul Rand）、田中一光（Ikko Tanaka）、威廉·J.米切尔、罗伯特·西尔贝（Robert Silbey）、雷德·伯恩斯（Red Burns）、查尔斯·M.维斯特、惠特曼·理查兹（Whitman Richards）、片冈满（Mits Kataoka），以及我在20世纪80年代的麻省理工学院遇到的人工智能教授和前同事帕特里克·亨利·温斯顿（Patrick Henry Winston）。我感到幸运的是在他们还活着的时候我就接触到了他们的思维方式，因为只要你知道了新鲜面包和隔夜面包之间的差别，你就很难满足于新鲜出炉的面包之外的任何面包了。

从我的系统中清除了计算错误（以及一堆错误）之后，我的兴趣便转向了另一个让我着迷的领域：组织及其如何转型，或者如何不转型。鉴于摩尔定律持续对我们的世界产生加倍的影响，组织开始变革是明智之举。并且要快。并且最好是以指数级速度。我对这一问题的看法受到了雷吉娜·杜根、雨果·萨拉辛（Hugo Sarrazin）、艾薇·罗斯（Ivy Ross）、杰森·弗里德（Jason Fried）、金·斯科特（Kim Scott）、斯科特·贝尔斯基（Scott

Belsky）、贝丝·康斯托克（Beth Comstock）、贝基·贝尔蒙特（Becky Bermont）、凯特·诺恩（Cat Noone）、哈吉·弗莱明（Hajj Flemings）、玛丽亚·朱迪斯（Maria Giudice）、大卫·格兰杰（David Granger）、玛丽娜·米哈拉基斯（Marina Mihalakis）、冼班莲和冼振文（Betty and Benny Xian）、乔治亚·弗朗西斯·金（Georgia Frances King）、凯瑟琳·施瓦布（Katharine Schwab）等人的影响。当我打出这份名单时，我意识到了它是不完整的，所以很自然地，我应该在本书的网站 howtospeakmachine.com 上对这份名单进行迭代。

最后，我要感谢本·一之濑（Ben Ichinose，1929—2019）。作为一个陌生人，他在《简单法则》出版后不久给我打了电话，想让我去看看他家的后院。作为一名退休的牙齿矫正医生，他花了几年时间手工打造了一个传统的日式花园，以体现他的简单法则。在他的多次来电和我的一再拒绝之后，我还是去看了他家的后院。他戴着标志性的飞行员墨镜，开了一瓶 1966 年的葡萄酒向我敬酒，同时切开一块新鲜的面包。如果说我这辈子遇到的人中有谁体现了计算的奇特魅力，那一定是本。

译　后　记

　　前田约翰作为曾经的麻省理工学院终身教授、罗德岛设计学院第 16 任校长，从出席美国国会推动 STEAM 教育系统改革到担任微软的设计与人工智能副主席，他花了 6 年时间身处硅谷最前线探索总结而写成本书，与 2006 年出版的被翻译成 14 种语言的《简单法则》整整相隔 13 年。这位人工智能先驱会给我们带来哪些全新的观点？

　　"对很多不懂如何与机器沟通的人来说，我们正在以一种完全不公平的方式接近奇点。"

　　人类已经不可避免地迈入了人工智能时代，试想如果有这么多大多数人不理解的东西正在支配世界，却只有极少数技术人员能完全理解它们并构建新世界的游戏规则，你会如何看待这种不平等呢？为了弥补这一点，前田先生希望向各位未来的共创者、决策者（非计算机背景的读者）清楚地解释这一切，这是他自 20 世纪 90 年代起就一直在做的事情。从向硅谷的人们解释"计算设计"将如何改变身边的事物，到完成对身处人工智能时代的每个人都影响深远的本书，他的目的是"找到一种让更多的非技术人士开始建立对计算的基本理解的方法"。

2013 年，我开始研读前田先生的第一本书，10 年后再遇见先生的书，我深感幸运。我想感谢恩师向帆教授的鼓励与出版方的信任，让我有机会从人工智能技术的使用者转变为"计算设计"理念的研究者，参与前田先生在人工智能时代最重要的一本著作的翻译工作。此外，多位前沿科技从业者参与了该译本的调研和审校工作：方贞硕、李紫嫣、赵辰伟、张宇翔、黄河清、黄东敏、陈文倩、俎琬滢等。但愿该译本能尽力还原作者的本意，让冰冷的技术具有包容性，能真正地被更多人知晓与理解。

感谢微本书撰写推荐语、支持并推动人工智能发展的教授前辈们，其中包括谷雪梅、丁文璿和钱世政。最后，我想特别感谢后浪出版公司相关人员的辛苦工作！

何盈

2024 年 2 月 29 日于上海

图书在版编目（CIP）数据

人机沟通法则：理解数字世界的设计与形成 /（美）前田约翰著；何盈译 . -- 北京：北京联合出版公司，2025. 1. -- ISBN 978-7-5596-8041-9

Ⅰ . TP-49

中国国家版本馆 CIP 数据核字第 202412BL96 号

How to Speak Machine by John Maeda

Copyright © 2019 by John Maeda

All rights reserved.

Simplified Chinese Translation ©2024 by Ginkgo (Beijing) Book Co., Ltd.

本书中文简体版权归属于银杏树下（北京）图书有限责任公司。

北京市版权局著作权合同登记 图字：01-2024-5885

人机沟通法则：理解数字世界的设计与形成

著　　者：［美］前田约翰
译　　者：何　盈
出 品 人：赵红仕
责任编辑：杨　青
选题策划：银杏树下
出版统筹：吴兴元
编辑统筹：郝明慧
特约编辑：荣艺杰
营销推广：ONEBOOK
装帧制造：墨白空间·黄海

北京联合出版公司出版

（北京市西城区德外大街 83 号楼 9 层 100088）

后浪出版咨询（北京）有限责任公司发行

河北中科印刷科技发展有限公司印刷　新华书店经销

字数 143 千字　880 毫米 ×1194 毫米　1/32　7.5 印张　印数 5000

2025 年 1 月第 1 版　2025 年 1 月第 1 次印刷

ISBN 978-7-5596-8041-9

定价：68. 00 元